汽车维修与服务高技能人才培养丛书

U0656200

汽车维修工等级考试练习与解析

中级理论

主　编：谢伟钢　胡建川

副主编：李　卫　易小彪　徐　振　李　斌

参　编：霍肇卓　房德将　黄旺生　朱方闻

机 械 工 业 出 版 社

《汽车维修工等级考试练习与解析：中级理论》是汽车维修中级工理论考试练习指导用书，由富有经验的辅导教师和汽修专家精心编写。本书对早前传统考题内容及题型进行了较大更新，突出反映了当今汽车技术及汽修行业的实际需要；内容包括汽车发动机、底盘、电气和维修基础四大部分，知识条理清晰，针对考点知识点—题—解析，便千理解、记忆和运用。

全书共有原理解析题 271 题，故障解析题 105 题，练习及拓展题 322 题。

本书可供汽车专业中职及技师学校学生作为汽车维修中级工理论考试辅导教材，也可用作职业院校汽车相关专业习题集和各类大赛辅导用书，也是在职汽修工自学提高、测评、考级的经典读本。

图书在版编目（CIP）数据

汽车维修工等级考试练习与解析：中级理论／谢伟钢，胡建川主编．—北京：机械工业出版社，2017.12（2025.8 重印）

（汽车维修与服务高技能人才培养丛书）

ISBN 978-7-111-58727-9

I.①汽 II.①谢 ②胡 III.①汽车-车辆修理-等级考试-题解 IV.①U472.4-44

中国版本图书馆 CIP 数据核字（2017）第 310715 号

机械工业出版社（北京市百万庄大街 22 号 邮政编码 100037）

策划编辑：齐福江责任编辑：齐福江

责任校对：王明欣封面设计：路恩中

责任印制：刘媛

北京富资园科技发展有限公司印刷

2025 年 8 月第 1 版第 6 次印刷

184mm×260mm · 8 印张 . 194 千字

标准书号：ISBN 978-7-111-58727-9

定价：29.90 元

电话服务	网络服务
客服电话：010-88361066	机工官网：www.cmpbook.com
010-88379833	机工官博：weibo.com/cmp1952
010-68326294	金书网：www.golden-book.com
封底无防伪标均为盗版	机工教育服务网：www.cmpedu.com

《汽车维修工等级考试练习与解析：中级理论》

编 委 会

主任委员：李卫（深圳市宝山技工学校）

委　　员：

深圳职业技术学院	林文光
深圳信息职业技术学院	邱今胜
深圳技师学院	李楷、崔锁峰
深圳第二高级技工学校	张富增
深圳第二职业技术学校	朱方闻
深圳宝安职业技术学校	徐振
深圳市新鹏职业高级中学	胡建川
深圳市携创技工学校	黄旺生
深圳市宝山技工学校	霍肇卓
行云新能科技（深圳）有限公司	房德将
深圳市龙岗职业技术学校	谢伟钢、易小彪
深圳市深德技工学校	冷四喜
广州市华风汽车工业技工学校	李斌
深圳风向标培训学校	周富金
深圳市盐港中学	凌乐玲
深圳市华夏技工学校	彭世亮

　　开展职业技能鉴定，是落实党中央、国务院提出的"科教兴国"战略方针的重要举措，也是我国人力资源开发的一项战略措施。

　　汽车工业发展非常迅猛，新理论、新技术大量地应用于车辆之上，学习难度也不断加大，中职生学习理论和在通过职业资格鉴定时普遍感觉比较难，为此，我们编写了此教程。此教程有以下特点：

　　1）知识条理清晰。学习过程是一个循序渐进的过程，在编写时根据知识的难易程度，将中级和高级分开，并将原理题与故障题区分开，便于学生从易到难进行学习。参考通用教材中原有的知识架构顺序，按章节顺序编写，有利于保证学习的系统性。

　　2）一题一图一解析。根据试题难度，给试题配上了图片与文字进行解析，便于学生理解和记忆，让学生能真正理解知识、运用知识。

　　3）学习与练习相结合。在每节中都配以练习题、拓展题，让学生能久练为熟，熟能生巧。在编写此书的同时，我们还着手编写了配套的课件和相关模拟试题，可在机械工业出版社教育服务网（www.cmpedu.com）下载，相信能让教学更加方便。

　　本书由谢伟钢、胡建川主编，李卫、易小彪、徐振、李斌任副主编，朱方闻、黄旺生、霍肇卓、房德将等老师参加了编写。在编写本书过程中，我们参考了大量的网站、汽车维修书籍和期刊文章，得到了行业内许多专业人士的帮助，在此，一并表示感谢。

　　由于编者水平有限，书中不妥之处在所难免，恳请读者批评指正。

编　者

目录

第一章

汽车发动机

第一节　发动机曲柄连杆机构

一、曲柄连杆机构工作原理试题及解析

1. 曲柄连杆机构的作用是把燃气作用于活塞上的力变为曲轴的（　　）。

　　A. 力矩　　　B. 旋转
　　C. 转矩　　　D. 转速

解析：使机械元件转动的力矩，即转矩。燃气作用在活塞上的力乘以相对于曲轴的力臂，即其所转变的转矩。

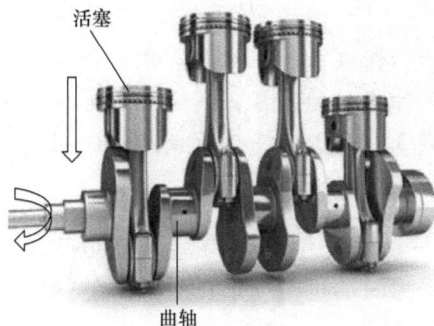

（图：活塞、曲轴）

2. 曲柄连杆机构主要由（　　）组成。（多选题）

　　A. 机体组　　　B. 凸轮组
　　C. 活塞连杆组　　D. 曲轴飞轮组
　　E. 正时齿轮组

解析：曲柄连杆机构是发动机的主要运动机构，有活塞、连杆、曲轴、飞轮、缸体等部件。

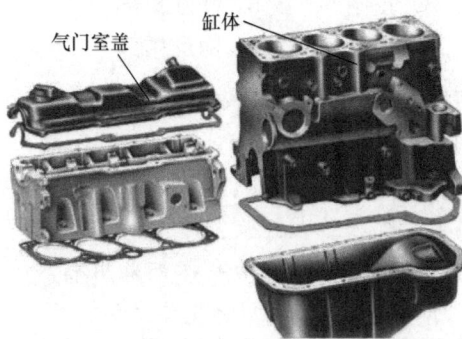

（图：气门室盖、缸体）

3. 曲轴由（　　）组成。（多选题）

　　A. 主轴颈　　　B. 连杆轴颈
　　C. 曲柄　　　　D. 前后端轴
　　E. 凸轮

解析：曲轴是发动机的主要旋转机件，主要由前端轴、主轴颈、连杆轴颈、曲柄、平衡块和后端凸缘等组成。

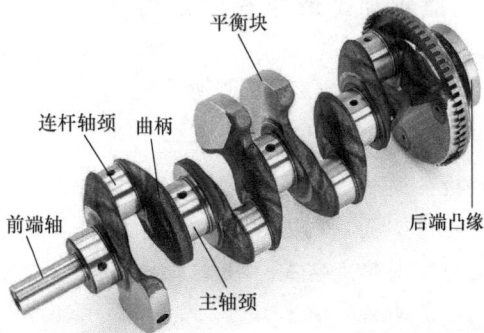

（图：平衡块、连杆轴颈、曲柄、前端轴、主轴颈、后端凸缘）

4. 单级传动时，凸轮轴正时齿轮的齿数为曲轴正时齿轮齿数的（　　）倍。

    A. 1   B. 2   C. 3   D. 4

解析：发动机完成一个工作循环，曲轴转动两周，凸轮轴转动一周，曲轴转速是凸轮轴转速的两倍。齿轮转动中，转速和齿数成反比，所以凸轮轴正时齿轮的齿数为曲轴正时齿轮齿数的 2 倍。

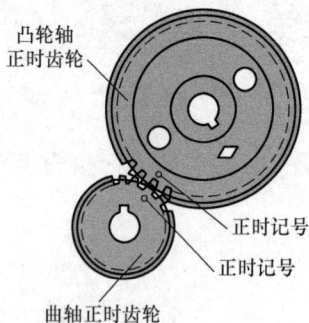

5. 导致活塞工作时变形的主要原因是（　　）。

    A. 热膨胀   B. 压力

    C. 高温   D. 温差

解析：在做功行程时，活塞顶部承受着燃气冲击性的高压，汽油机瞬时压力可达到 3～5MPa，高压导致活塞的侧压力加大，会导致活塞变形。

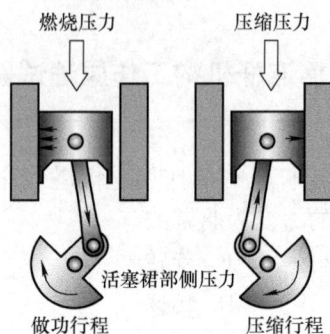

6. 发动机采用（　　）活塞，以弥补活塞受力时的机械变形和受热时的热变形。

    A. 正圆   B. 椭圆裙部

    C. 锥台形   D. 桶形裙部

解析：由于活塞工作时，在长轴方向受到侧挤压力，在此方向尺寸变小，短轴方向尺寸变大；受热时，短轴方向因金属多，膨胀量大；长轴方向因金属少，膨胀量小，所以，活塞裙部采用椭圆形，可以弥补机械变形和受热变形。

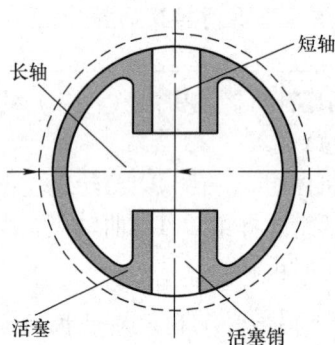

7. 曲轴加工或修理后必须进行（　　）试验。

    A. 动力   B. 平衡

    C. 动平衡   D. 强度

解析：曲轴加工或修理后，分布在曲轴运转中心周围的质量被改变，运转时会失衡，因此，需要采用打平衡孔等方式来恢复曲轴的动平衡。

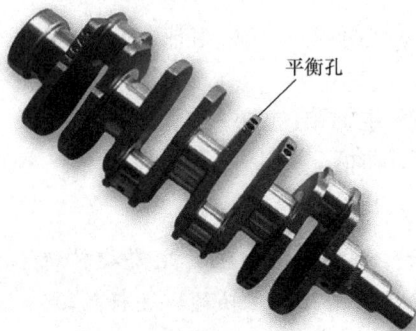

8. 从发动机外特性曲线上看，发动机的经济转速比最大转矩转速_____，比最大功率转速_____。（ ）

    A. 高、高   B. 低、低

    C. 高、低   D. 低、高

解析：发动机外特性曲线是指在发动机全负荷时所测出来的功率或者转矩随着转速变化的曲线，一般 $n_3 > n_2$，$n_3 < n_4$。

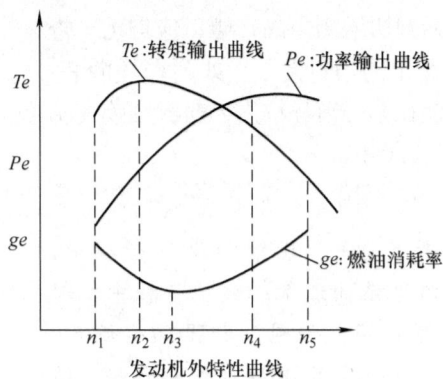

发动机外特性曲线

9. 某发动机 $\varepsilon = 9$，其中气缸总容积 $V_a = 450\text{mL}$，则气缸工作容积 $V_h =$（ ）mL。

    A. 350   B. 400

    C. 200   D. 450

解析：气缸总容积与燃烧室容积之比为发动机压缩比 ε。气缸总容积由燃烧室容积和气缸工作容积组成。

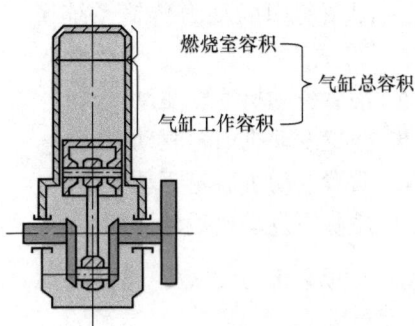

10. 四缸发动机曲轴曲拐数等于（ ）。

    A. 气缸数的一半

    B. 气缸数

    C. 气缸数的一半加1

解析：曲拐由一个连杆曲颈，和左、右两个曲柄臂构成。

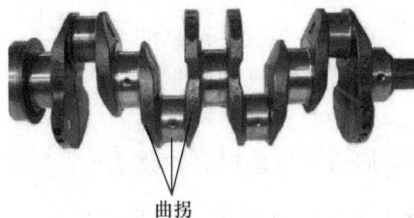

11. 在有些汽油机活塞裙部开有"T"和"Π"形槽，开槽的位置应位于做功行程中承受侧压力较大的一侧。（ ）

    A. 正确   B. 错误

解析：裙部开竖槽后，会使其开槽的一侧刚度变小，在装配时应使其位于做功行程中承受侧压力较小的一侧。

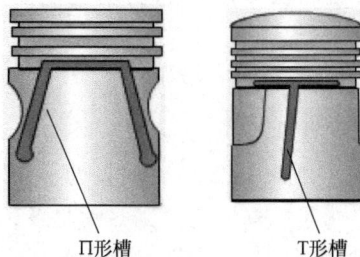

12. 活塞的扭曲环在安装时具有方向性，凡内圆切槽倒角的，槽口应向上；外圆切槽倒角的槽口向下，如两种环混装，后者应装在第一道环槽内，前者则装在第二、三道环槽内。（　　）

A. 正确　　B. 错误

解析：进气、压缩和排气行程中，扭曲环消除泵油现象；做功行程中，起到刮油等作用。如图，内圆切槽倒角，扭曲环与气缸壁的接触面积更大些，适合做密封要求严格的第一道活塞环。

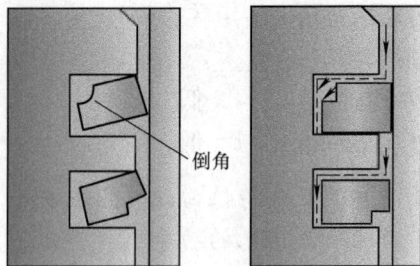

倒角

进气、压缩、排气行程　　做功行程

13. 左图图例中的动力传输系统属于（　　）形式。

A. 前置发动机后轮驱动
B. 前置发动机前轮驱动
C. 后置发动机后轮驱动
D. 底板下发动机后轮驱动

解析：发动机位于前边，用后轮驱动的称为前置后驱（FR）。

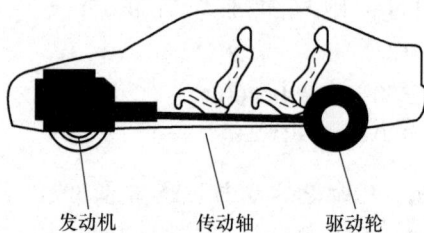

发动机　　传动轴　　驱动轮

14. 左图图例中的动力传输系统是属于（　　）形式。

A. 前置发动机后轮驱动
B. 前置发动机前轮驱动
C. 后置发动机后轮驱动
D. 底板下发动机后轮驱动

解析：发动机放在前边，用前轮驱动的称之为前置前驱（FF）。

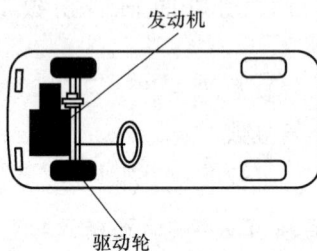

发动机

驱动轮

15. 压缩比在 7 以上的发动机使用热型火花塞。（　　）

A. 正确　　B. 错误

解析：热型火花塞散热慢，冷型火花塞散热快。汽油机压缩比一般为 9 ~ 11，压缩比越高气缸燃烧产生热量越多，需要散热快的冷型火花塞。低压缩比，低转速的发动机适用热型火花塞。

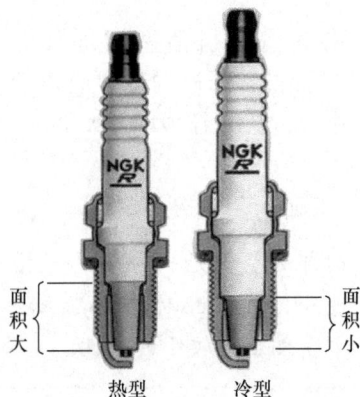

面积大　　面积小

热型　　冷型

16. 正时带自动张紧器主要功能是（　　）。

    A. 控制正时带的张力

    B. 避免正时带脱离其位置

    C. 避免机油污染正时带

    D. 有助于正时带的更换

张紧轮

解析：自动张紧器可让正时带始终拥有适当的张紧力，避免正时带打滑，出现跳齿、脱齿等情况。

17. 活塞在气缸中作往复直线运动，其速度在行程的（　　）最大。

    A. 开始　　　B. 1/4 处

    C. 1/2 处　　D. 终点

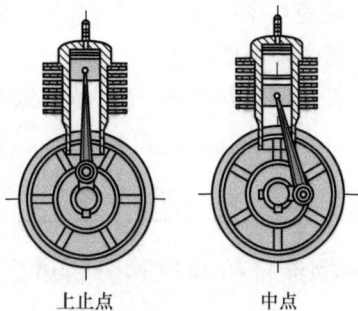

上止点　　　　中点

解析：活塞在上止点时，线速度为0。下行时，活塞运行速度加快；到达中点时，速度达到最大，然后又开始降低；到达终点时，线速度又为零。

18. 气缸在每个工作循环中受力最大的是（　　）行程。

    A. 进气　　　B. 排气

    C. 压缩　　　D. 做功

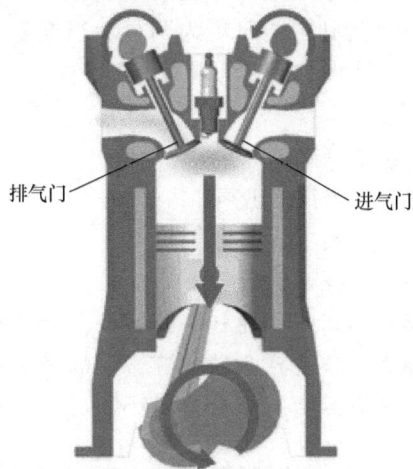

排气门　　　　进气门

解析：做功行程气门都处于关闭，由高温高压气体推动活塞移动，并对外做功。其余行程靠飞轮的惯性运动。

19. 下面哪个因素能引起气缸压力过高（　　）。

    A. 燃烧室内有积炭

    B. 活塞环漏气

    C. 拉缸

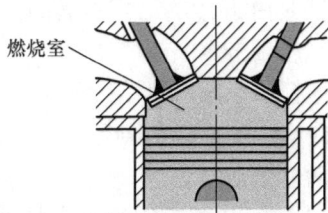

燃烧室

解析：燃烧室内有积炭使燃烧室容积减小，发动机压缩比变大，因而引起缸压过高。缸压过高会引起爆燃等故障。

20. 凸轮轴轴承的润滑方式属于飞溅润滑。（ ）

    A. 正确　　B. 错误

解析：发动机润滑方式主要有飞溅润滑、压力润滑、润滑脂润滑等。压力润滑需要油管、油道，油道、油管会堵塞，维修时注意要清理油道。

油道

21. 曲轴扭转减振器的作用是（ ）。（多选题）

    A. 避免功率损失　　B. 避免共振

    C. 避免噪声的产生

    D. 补偿曲轴扭转角　　E. 减少振幅

解析：扭转减振器可以避免曲轴共振，减少曲轴振动幅度，提高曲轴使用寿命。

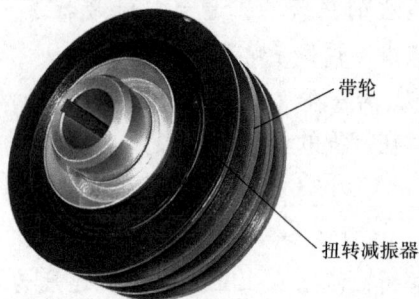

带轮

扭转减振器

二、曲柄连杆机构故障分析试题及解析

1. 发动机在怠速和中速时有明显声响，特别是由怠速过渡到中速时更为明显。当把点火提前角增大，断火时响声减弱或消失，可诊断为（ ）。

    A. 活塞敲缸

    B. 活塞销敲击声

    C. 曲轴主轴承响声

    D. 连杆轴承响声

活塞销

解析：活塞销和连杆小头衬套或活塞销座孔配合间隙大，便会产生敲缸声，该响声在中低速时明显。断缸后活塞销受力减小，其响声也会减弱或消失。

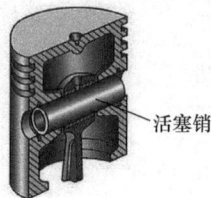

2. 发动机工作时发出一种沉重的闷击声，且发动机有振动，在断火检查时响声无明显降低，这种现象可能是由于（ ）引起的。

    A. 气门敲击声

    B. 连杆轴承敲击声

    C. 曲轴主轴承敲击声

    D. 活塞敲击声

主轴承

曲轴主轴颈

解析：沉重的闷击声说明受力较大，断缸响声不降，说明不受单缸影响，应是曲轴径向间隙过大。

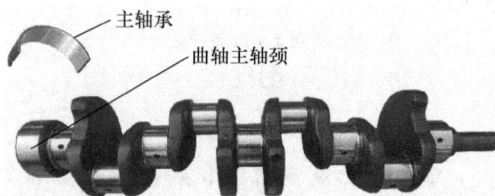

3. 发动机冷态时有明显响声，随着机体温度升高，响声减弱或消失；从火花塞孔向活塞顶部注入浓机油，响声也会消失，可诊断为(　　)。

 A. 活塞敲缸　　　　B. 活塞销敲击声

 C. 曲轴主轴承响声　D. 连杆轴承响声

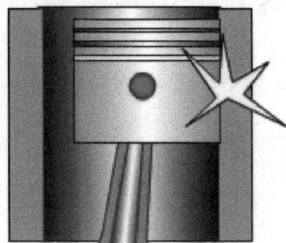

解析：活塞在压缩行程至上止点前后，由于活塞的倾斜和侧压力方向的变换，间隙越大，活塞敲缸越厉害。从火花塞加入机油后，由于机油具有润滑及减振的作用，使得该响声消失。

4. 气缸盖平面变形检验要求之一为每$50 \times 50 \mathrm{mm}^2$范围内平面度误差不大于(　　)。

 A. 0.02mm　　　　　B. 0.05mm

 C. 0.005mm　　　　D. 0.10mm

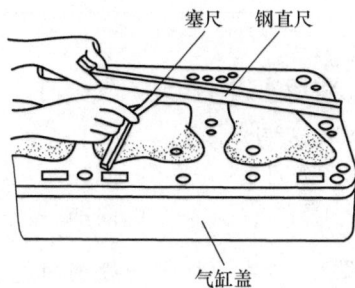

塞尺　钢直尺

气缸盖

解析：气缸盖的平面变形需要气缸垫来弥补，气缸垫能弥补$50 \times 50 \mathrm{mm}^2$范围内0.05mm的平面误差，误差超过此范围的气缸盖需要修复或更换。

5. 检验气缸磨损时，必须测量气缸的(　　)。(多选题)

 A. 圆度　　B. 锥度　　C. 表面粗糙度

 D. 圆柱度　　E. 圆锥度

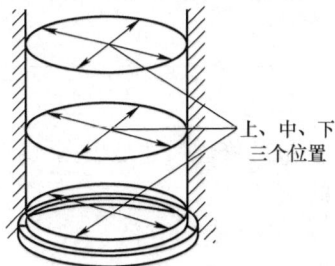

上、中、下三个位置

解析：气缸在径向磨损不均匀，会产生圆度误差，所以需要测量圆度。气缸通常会磨损成上大下小的形状，改变原来的圆柱形状，所以需要测量圆柱度。

6. 气缸压力下降的主要原因是(　　)。(多选题)

 A. 活塞与气缸严重磨损

 B. 气缸垫损坏

 C. 各活塞环切口对正

 D. 气门弹簧的折断

 E. 气门间隙太大

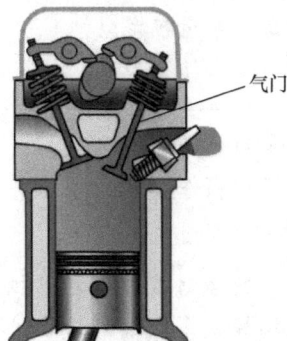

气门

解析：气缸压力下降主要是由气缸漏气引起的，具体包括气门弹簧折断或其他原因引起的气门处漏气；气缸垫损坏或气缸盖、气缸体接触面变形引起的漏气；活塞环切口对正，气缸或活塞严重磨损等原因引起的活塞环处漏气。

7. 活塞环漏光度检验时，同一活塞环漏光弧长所对应的圆心角总和不得超过（　　）。

    A. 25°   B. 45°

    C. 90°   D. 30°

    解析：活塞环在安装前需进行漏光度检测，以免造成燃烧室和曲轴箱窜气，活塞环在整个圆周的漏光不得超过两处，圆心角总和不超过45°。

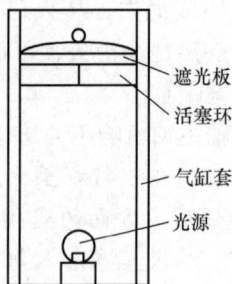

（图：遮光板、活塞环、气缸套、光源）

8. 将活塞连杆组装入气缸时，注意活塞顶部的记号一般应（　　）。

    A. 向后   B. 向左

    C. 向右   D. 向前

    解析：活塞的标记一般朝向发动机的前端。活塞在做功行程中不同的面受力大小相差很大，活塞方向装错容易损坏。

（图：朝前记号）

9. 气缸的修理尺寸是根据气缸的（　　）来确定的。

    A. 最大磨损直径

    B. 最小磨损直径

    C. 磨损平均直径

    D. 中部磨损量

    解析：气缸修理尺寸要根据气缸最大磨损直径和加工余量确定。

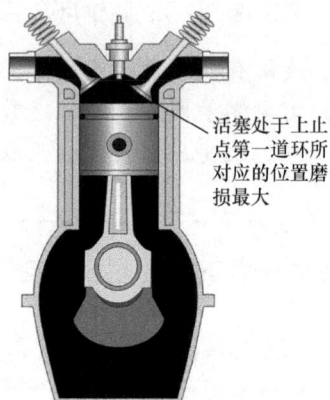

（图：活塞处于上止点第一道环所对应的位置磨损最大）

10. 拆卸和安装气缸盖时，可使用活动扳手和手锤进行作业。（　　）

    A. 正确   B. 错误

    解析：拆卸缸盖螺栓要用扭力扳手及套筒，防止螺栓棱角变圆，活动扳手力矩过短且易使螺栓棱角变圆。拆卸螺栓后，用橡皮锤松动缸盖。

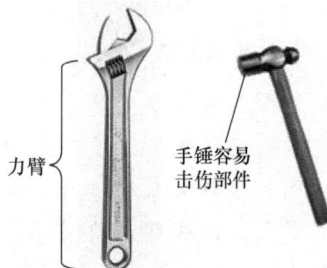

（图：力臂、手锤容易击伤部件）

11. 汽车活塞的头部尺寸为 $101^{+0.04}_{-0.22}$，说法正确的是（　　）。（多选题）

    A. 基本尺寸 $A = 101\text{mm}$

    B. 最大极限尺寸 $A_{max} = 101.04\text{mm}$

    C. 最小极限尺寸 $A_{min} = 100.78\text{cm}$

    D. 上偏差 $\sqrt{上} = 0.04$

    E. 下偏差 $\sqrt{下} = -0.22$

解析：活塞上偏差为 0.04mm，下偏差为 -0.22mm，最大极限尺寸等于基本尺寸加上偏差，最小极限尺寸为基本尺寸减去下偏差。

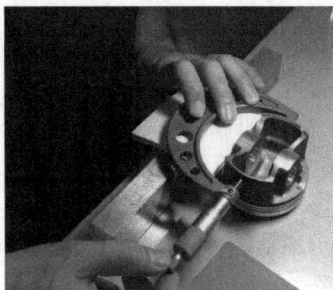

12. 发动机大修时，连杆和曲轴应进行探伤检查。（　　）

    A. 正确　　　B. 错误

解析：发动机大修时需对曲轴和连杆内部形变进行检查，检查其是否有内部裂纹等。

在轴颈转角处
容易生产裂纹

三、曲柄连杆机构拓展练习

1. 曲柄连杆机构分为（　　）。（多选题）
    A. 机体组　　　　　B. 气门组　　　　　C. 活塞连杆组　　　　　D. 曲轴飞轮组
    E. 气门传动组

2. 发动机凸轮轴的布置型式有（　　）。（多选题）
    A. 下置　　　　　B. 左置　　　　　C. 上置　　　　　D. 右置
    E. 中置

3. 活塞的头部主要作用是（　　）。（多选题）
    A. 承受气体压力　　　B. 承受摩擦力　　　C. 密封　　　　　D. 传热
    E. 隔热

4. 组合油环由（　　）组成。（多选题）
    A. 弹簧　　　　　B. 刮油片　　　　　C. 轴向衬环　　　　　D. 导热环
    E. 径向衬环

5. 曲轴要求用（　　）材料来制造。（多选题）
    A. 高强度　　　　　B. 耐腐蚀　　　　　C. 冲击韧性高　　　　　D. 硬度高
    E. 耐磨性好

6. 机体组包括（　　）。（多选题）
    A. 气缸体　　　　　B. 气缸盖　　　　　C. 活塞　　　　　D. 气缸套
    E. 曲轴箱

7. 发动机在中速时响声最明显，响声有节奏，当转速变换时，响声随之变化，可诊断为（　　）。

    A. 活塞敲缸   B. 活塞销敲击声   C. 曲轴主轴承响声   D. 连杆轴承响声

8. 发动机转速特性是指发动机的功率、转矩、油耗随（   ）转速变化的规律。

    A. 凸轮轴   B. 飞轮   C. 曲轴   D. 正时齿轮

9. 关于发动机活塞销产生的敲击声，下列哪种说法不正确？（   ）

    A. 是一种尖脆的金属敲击声   B. 加速时声音更清楚

    C. 发动机温度低时声音较小   D. 用断火法检查的声响无明显降低

10. 突然加负荷（加速）时，发动机连续发出沉重敲击声，机油压力明显下降，可诊断为（   ）。

    A. 活塞敲缸   B. 活塞销敲击声   C. 曲轴主轴承响声   D. 连杆轴承响声

11. 活塞的敲缸噪声产生的原因，是活塞处于压缩行程向做功行程过渡时撞击缸壁而形成的。（   ）

    A. 正确   B. 错误

12. 采用偏心活塞能减少敲缸噪声。（   ）

    A. 正确   B. 错误

13. 当发动机某一气缸因气门间隙过大而导致气门敲击声，拔下该缸高压分火线，敲击声会消失。（   ）

    A. 正确   B. 错误

14. 发动机在高转速时，气缸内燃烧过程所占的曲轴转角较大，且活塞、轴瓦等运动副的机械磨损损失（   ），此时发动机（   ）产生最大转矩。

    A. 增加，不能   B. 减少，不能   C. 减少，能   D. 增加，能

15. 气缸盖变形，经铣削造成燃烧室容积变化，对于汽油机燃烧室容积，其减小量不应小于公称容积的（   ）。

    A. 10%   B. 0.5%   C. 5%   D. 1%

16. 连杆轴颈最大磨损通常发生在（   ）。

    A. 靠近主轴颈一侧   B. 远离主轴颈一侧

    C. 与油道孔相垂直的方向   D. 连杆轴颈的中间位置

17. 关于活塞下列说法错误的是（   ）。

    A. 活塞一般采用铝合金制成，因为其质量轻，导热性好

    B. 活塞短轴与活塞销方向一致

    C. 气缸磨损最严重处为上止点第一道气环偏下处

    D. 为了保证工作平顺性，销座中心孔应向做功行程中不受侧向力一方偏移

18. 发动机调整曲轴轴向间隙的两个止推垫片，在安装时应注意（   ）。

    A. 有减摩合金一面向内   B. 有减摩合金一面向外

    C. 一个有减摩合金一面向内，另一个向外   D. A、B、C 均可

19. 用同心法镗缸能确保气缸中心不变，并能保持发动机原来的配合精度。（   ）

    A. 正确   B. 错误

20. 活塞环选配时应检验环的（   ）。（多选题）

    A. 弹力   B. 表面粗糙度   C. 端隙   D. 侧隙

    E. 背隙

21. 气缸套的形式分为（　　　）。（多选题）

    A. 合金套　　　　　　B. 干式套　　　　　　C. 干湿套　　　　　　D. 湿式套

    E. 铸铁套

22. 干式缸套的特点是缸套不直接与冷却水接触。（　　　）

    A. 正确　　　　　　　B. 错误

23. 曲轴与凸轮轴间的正时传动方式有（　　　）。（多选题）

    A. 齿轮传动　　　　　B. 蜗轮传动　　　　　C. 链传动　　　　　　D. 齿形带传动

    E. 带轮传动

24. 以下为关于曲轴箱污染控制系统的叙述，不正确的一项是（　　　）。

    A. 曲轴箱污染控制系统可使曲轴箱排出的气体不会排放至空气中

    B. 清洁空气经过空气滤清器，然后通过呼吸软管

    C. 呼吸软管有单向阀

    D. PCV 阀因进气管中的负压力而运作

25. 凸轮轴正时齿轮的齿数为曲轴正时齿轮齿数的 1 倍。（　　　）

    A. 正确　　　　　　　B. 错误

26. 曲轴上的平衡曲拐部分是用来平衡发动机不平衡时的离心力和离心力矩。（　　　）

    A. 正确　　　　　　　B. 错误

27. 修复后的飞轮应作动平衡试验，允许的不平衡量一般为（　　　）。

    A. 100g·cm　　　　　B. 150g·cm　　　　　C. 200g·cm　　　　　D. 250g·cm

28. 修复后的发动机要进行（　　　）试验。

    A. 测功　　　　　　　B. 测转矩　　　　　　C. 冷　　　　　　　　D. 热

参考答案

一、曲柄连杆机构工作原理试题及解析

1. C　2. ACD　3. ABCD　4. B　5. B　6. B　7. C　8. C　9. B　10. B　11. B　12. B　13. A　14. B　15. B　16. A　17. C　18. D　19. A　20. B　21. BE

二、曲柄连杆机构故障分析试题及解析

1. B　2. C　3. A　4. B　5. AD　6. ABCD　7. B　8. D　9. A　10. B　11. ABDE　12. A

三、曲柄连杆机构拓展练习

1. ACD　2. ACE　3. ACD　4. ABCE　5. ACE　6. ABE　7. D　8. C　9. D　10. C　11. A　12. A　13. B　14. A　15. C　16. A　17. D　18. B　19. A　20. ACDE　21. BD　22. A　23. ACD　24. B　25. B　26. A　27. A　28. D

第二节　配气机构

一、配气机构工作原理试题及解析

1. 气门组是由（　　）及气门弹簧、弹簧座等组成。（多选题）

　　A. 气门　　　B. 气门座　　C. 推杆

　　D. 气门导管　E. 摇臂

解析：推杆和摇臂属于配气机构，但不属于气门组。

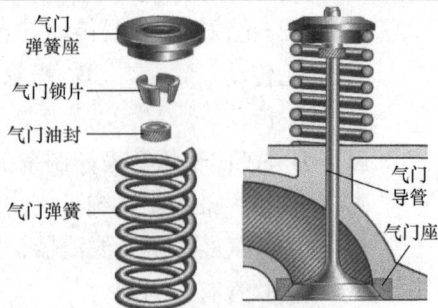

气门弹簧座
气门锁片
气门油封
气门弹簧
气门导管
气门座

2. 气门传动机构由摇臂轴、摇臂、推杆及（　　）组成。（多选题）

　　A. 正时齿轮　　B. 导套　　C. 挺柱

　　D. 凸轮轴　　　E. 弹簧

解析：推动气门运动的是凸轮轴正时齿轮、凸轮轴、挺柱（或摇臂）及气门推杆等，而导套（气门导管）是固定在气缸盖上，起导向作用，属于气门组。

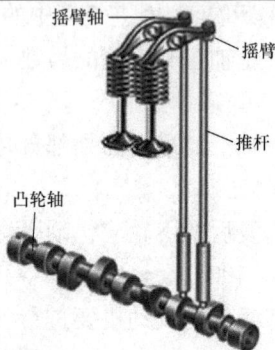

摇臂轴
摇臂
推杆
凸轮轴

3. 气门挺杆在工作中既作上下运动，又作（　　）运动。

　　A. 曲线　　B. 跳跃

　　C. 螺旋　　D. 旋转

解析：气门挺杆在上下运动时，如果挺杆不旋转，则只磨损与凸轮接触部位，影响挺杆使用寿命。

气门挺杆

4. 采用液压挺柱时的气门间隙可以是（　　）。

　　A. 0.25～0.30mm　　B. 0.15～0.20mm

　　C. 0.10～0.15mm　　D. 0.00mm

5. 发动机采用液压挺柱是为了解决（　　）问题。

　　A. 气门密封　　　B. 不预留气门间隙

　　C. 噪声　　　　　D. 与凸轮接触

解析：采用液压挺柱可以无气门间隙，从而减小冲击和噪声；若有气门冲击和噪声，则有可能液压挺柱工作不正常或已经损坏。

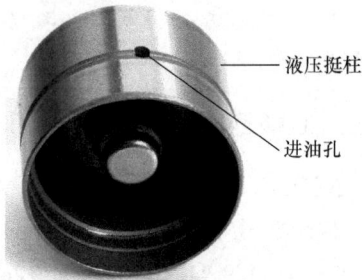

液压挺柱
进油孔

6. 凸轮轴正时齿轮的齿数为曲轴正时齿轮齿数的 1 倍。（　　）

  A. 正确   B. 错误

解析：发动机完成一个工作循环，曲轴转 2 圈，凸轮轴转 1 圈。根据传动比原理，齿数与转速成反比，故凸轮轴正时齿轮（或带轮、链轮）齿数与曲轴正时齿轮齿数为 2 倍关系。

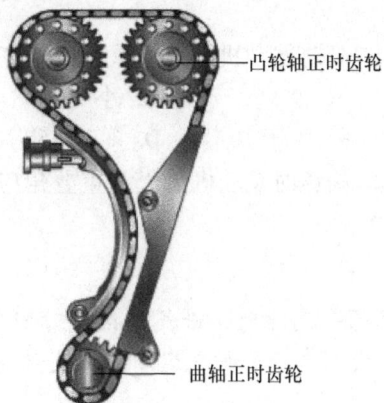

凸轮轴正时齿轮

曲轴正时齿轮

7. 发动机凸轮轴的布置型式有（　　）。（多选题）

  A. 下置 B. 左置 C. 上置
  D. 右置 E. 中置

8. 顶置式气门配气机构的凸轮轴布置型式有（　　）。（多选题）

  A. 上置   B. 前置   C. 后置
  D. 中置   E. 下置

解析：目前配气机构气门布置都是顶置式，凸轮轴可以布置成上置式、中置式和下置式。

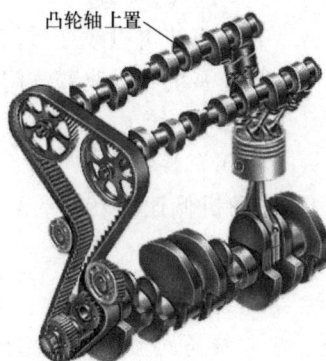

凸轮轴上置

9. 气缸的进气门在活塞到达上止点前开启，而排气门在活塞到达上止点后才关闭，这种现象称为（　　）。

  A. 配气相位   B. 延时排气
  C. 提前进气   D. 气门重叠

解析：进气门在活塞到达上止点前开启，排气门在活塞到达上止点后关闭，就会出现进、排气门同时开启（气门重叠）现象，这将有利于换气。

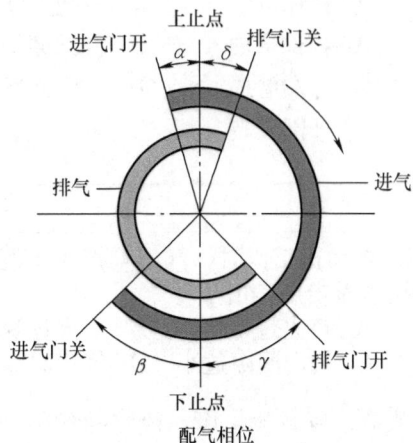

上止点
进气门开 α δ 排气门关
排气 进气
进气门关 β γ 排气门开
下止点
配气相位

10. 配气相位是指气门开闭时刻的曲轴转角。（　　）

  A. 正确   B. 错误

解析：配气相位是指气门从开始打开到完全关闭（即开闭时刻）所经历的曲轴转角。

11. 高速发动机的气门重叠角应该( )。

    A. 大   B. 小

    C. 等于10°   D. 等于15°

12. 高速时发动机的气门重叠角应该小些。

( )

    A. 正确   B. 错误

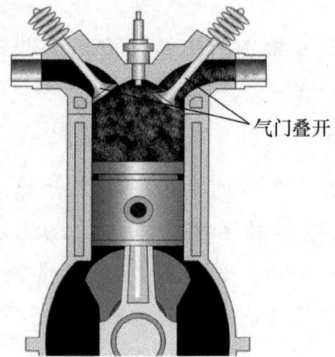

气门叠开

解析：高速时，进气、排气时间短，需要加大进气提前角和排气迟闭角，故重叠角大。

13. 以下有关本田雅阁 VTEC 系统，描述正确的是（ ）。（多选题）

    A. VTEC 系统可以改变气门正时

    B. VTEC 系统可以改变气门的升程

    C. VTEC 系统由发动机控制模块（ECM）控制

    D. 发动机低速运转时，VTEC 系统同样工作

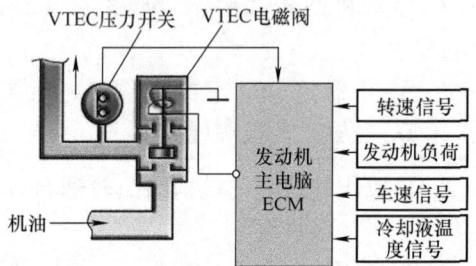

本田雅阁 VTEC 系统即气门正时和升程可变的进气控制系统

解析：VTEC 低速时不工作；高速时，增加进气量，可以提高发动机动力性和经济性。

二、配气机构故障分析试题及解析

1. 气门损伤有（ ）。（多选题）

    A. 杆部弯曲   B. 杆部磨损

    C. 杆端磨损   D. 工作面磨损

    E. 杆部破裂

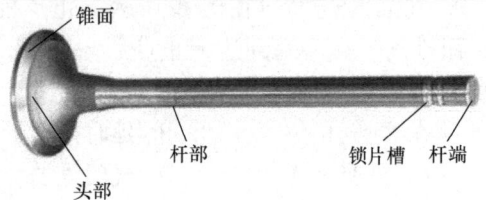

锥面   杆部   锁片槽   杆端   头部

解析：气门损伤主要表现在其受力面。杆部主要承受磨损，不受弯曲力矩和冲击载荷，所以不会破裂。

2. 发动机工作时，气门处产生干脆有节奏的连续敲击声是由于（ ）。

    A. 点火过早   B. 点火过晚

    C. 气门间隙过小   D. 气门间隙过大

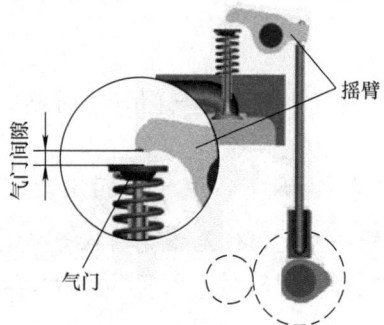

摇臂

气门间隙

气门

解析：曲轴转 2 圈，凸轮轴转 1 圈，气门开、关各一次，其频率是曲轴转速的一半，所以气门间隙过大会产生干脆有节奏的连续敲击声。

3. 第四缸位于压缩行程上止点时，可调整气门间隙的气门为（　　）。

    A. 第一缸的进气及排气门

    B. 第二缸的进气及排气门

    C. 第三缸的进气及排气门

    D. 第四缸的进气及排气门

解析：可以按照"逐缸调整法"进行调整，按照发动机做功顺序，分4次调完。活塞位于压缩行程上止点时，进气门，排气门都处于关闭状态，所以都能调整。

4. 某四缸四冲程发动机点火顺序为 1 - 3 - 4 - 2，当第一缸处于压缩上止点时，可以测量哪几个气缸的进、排气门间隙？（　　）

    ①一缸进气门　　②二缸排气门

    ③三缸进气门　　④三缸排气门

    ⑤二缸进气门

    A.①②③　　B.①④

    C.①④⑤　　D.①②④

解析：1缸处于压缩上止点时，按照 1 - 3 - 4 - 2 的点火顺序，采用"双排不进"法分两次调整。

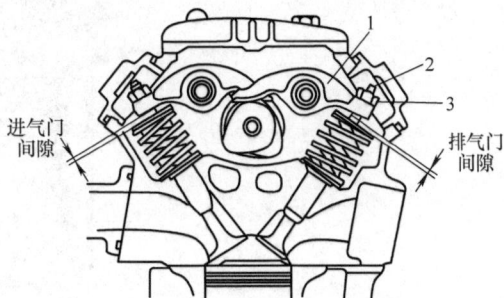

进气门间隙　排气门间隙

1—摇臂　2—气门间隙调整螺钉

3—锁紧螺母

	双排不进法			
做功顺序	1	3	4	2
工作行程	压缩	进气	排气	做功
可调气门	进、排	排	不	进

5. 测量气门头部径向圆跳动量的方法是（　　）。

    A. 用百分表测量气门杆中间

    B. 用百分表测量气门杆端面

    C. 用百分表测量气门头部工作面

    D. 用百分表测量气门头部端面

解析：气门头部工作面是气门重要工作部位，也是最易损伤部位，测量气门头部径向圆跳动量，必须使百分表触头垂直指向其工作面。

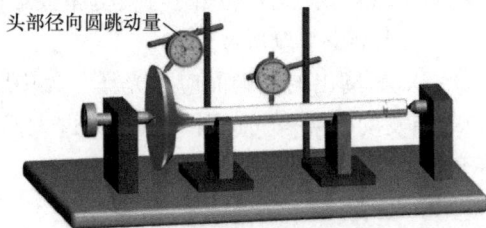

头部径向圆跳动量

三、配气机构拓展练习

1. 气门上下运动时伴随有旋转运动，其目的是使磨损均匀。（　　）

    A. 正确　　　　　　B. 错误

2. 对气门与气门座的要求是要保证足够的（　　）性。

    A. 间隙　　　　　B. 密封　　　　　C. 耐压　　　　　D. 耐热

3. 下图所示气门机构型式为（　　）

    A. 中置式气门　　B. 顶置式气门　　C. 侧置式气门　　D. 下置式气门

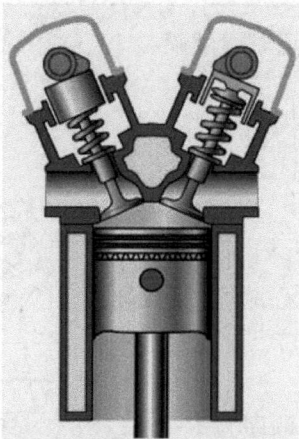

4. 对气门挺杆球面进行磨损检查时可用（　　　）。

   A. 样板　　　　　B. 百分表　　　　　C. 外部检视　　　D. 千分尺

5. 没装配液压挺柱的发动机配气机构，若在冷态时气门及其传动机构间隙过小，则会在热态时造成气门关闭不严。（　　　）

   A. 正确　　　　　B. 错误

6. 一般冷态下，进气门间隙为 0.3 ~ 0.35mm，排气门间隙为 0.4 ~ 0.5mm。（　　　）

   A. 正确　　　　　B. 错误

7. 凸轮轴正时齿轮键与键槽磨损，其修理方法是（　　　）。

   A. 堆焊键槽　　　B. 键槽镀铬　　　C. 可换新键　　　D. 旧键堆焊

8. 关于气门研磨，下列哪种方法不正确？（　　　）

   A. 研磨气门可以采用手工方法，也可以使用气门研磨机

   B. 手工研磨时，应使气门与气门座轻轻拍击，接触时气门应旋转

   C. 气门研磨后，气门与气门座接触面宽度一般为：进气门 1.50 ~ 2.50mm，排气门 1.00 ~ 2.00mm

   D. 研磨出的接触面应无光泽、无中断、无刻痕

9. 当发动机某一气缸因气门间隙过大而导致气门敲击声时，拔下该缸高压分火线，敲击声就会消失。（　　　）

   A. 正确　　　　　B. 错误

10. 气门间隙过大，发动机工作时（　　　）。

   A. 气门迟开　　　B. 气门早开　　　C. 不影响气门开启时刻

11. 点火顺序为 1 – 5 – 3 – 6 – 2 – 4 的发动机，当第六缸活塞处于压缩行程上止点时，可调气门间隙的气门是 2、4、6 缸排气门，3、5、6 缸进气门。（　　　）

   A. 正确　　　　　B. 错误

12. 汽油机气门间隙过大会引起（　　　）。

   A. 混合气过浓　　B. 混合气过稀　　C. 汽油耗量大　　D. 发动机工作时抖动

13. 配气机构的作用是按照发动机各缸的做功次序和每一缸工作循环的要求，适时地将各缸进、排气门打开和关闭，以便发动机进行进气、压缩、做功和排气等工作过程。（　　　）

   A. 正确　　　　　B. 错误

14. 为改善气门与气门座圈的磨合性能，一般气门的工作锥面角度比座圈大0.5°~1°。（   ）

    A. 正确　　　　　B. 错误

15. 液压挺柱可以在一定程度上补偿气门间隙的变化，因此气门间隙的细微改变不会导致配气相位的变化。（   ）

    A. 正确　　　　　　B. 错误

16. 下列图片中能正确表示气门弹簧检查项目的有（   ）。（多选题）

A

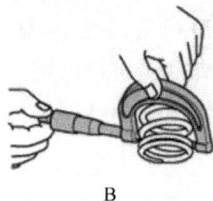
B

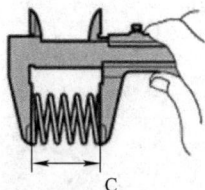
C

D

17. 下列对气门油封安装的叙述中，正确的有（   ）。

    A. 仅进气门油封可以再次使用

    B. 进气门油封与排气门油封颜色都是一样的

    C. 安装气门油封时，在油封口除去油脂，防止通过气门导管衬套漏油

    D. 拆卸气门油封后，必须使用一个新的油封更换，并使用SST进行安装

18. 在下述项目中描述正确的有（   ）。（多选题）

    A. 将拆卸的气门放到标有位置标志的纸上，以便识别其原安装位置

    B. 气门异响与发动机温度无关

    C. 在发动机大修时，应检查气门与气门座接触带的位置和宽度

    D. 凸轮磨损过大会产生较大的撞击声，但不会影响气门的开闭正时

参考答案

一、配气机构工作原理试题及解析

1. ABD　2. ACD　3. D　4. D　5. B　6. B　7. ACE　8. ADE　9. D　10. A　11. A　12. B　13. ABC

二、配气机构故障分析试题及解析

1. ABCD　2. D　3. D　4. C　5. C

三、配气机构拓展练习

1. A　2. B　3. B　4. A　5. A　6. B　7. C　8. C　9. B　10. A　11. B　12. C　13. A　14. B　15. A　16. ACD　17. D　18. AC

第三节 冷 却 系 统

一、冷却系统工作原理试题及解析

1. 冷却系统使发动机保持在（ ）温度下工作，可以得到良好的动力性和经济性。

    A. 110～120℃   B. 80～90℃

    C. 70～80℃   D. 80～120℃

解析：发动机过热会造成充气效率低等问题，发动机过冷会造成热量损失大等问题，一般发动机最佳工作温度为85℃左右。

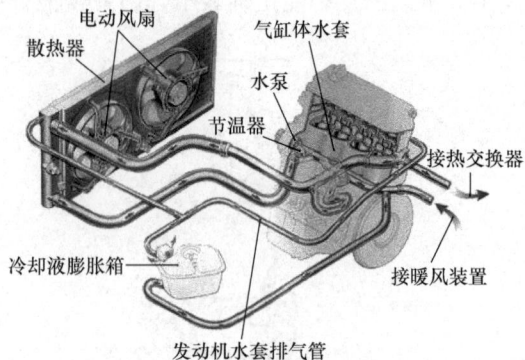

电动风扇 气缸体水套 散热器 水泵 节温器 接热交换器 接暖风装置 冷却液膨胀箱 发动机水套排气管

2. 冷却系统中提高冷却液沸点的装置是（ ）。

    A. 水箱盖   B. 散热器

    C. 水套   D. 水泵

解析：散热器盖密封整个系统，使系统压力最高升至0.09MPa左右，压力升高后，沸点也会提高。

危险 热时请勿打开 NEVER OPEN WHEN HOT CAUTION

散热器开关上标有压力值0.09MPa，当压力大于该值时，冷却液溢出。

3. 发动机暖机后，节温器从开启至全开，正确的温度范围为（ ）。

    A. 50～60℃   B. 60～70℃

    C. 70～80℃   D. 80～95℃

解析：在暖机冷却液约为80℃后，节温器开始打开，散热风扇也开始起动，冷却液进入混合循环模式；当冷却液到达95℃左右，节温器完全开启，冷却液进入大循环模式。

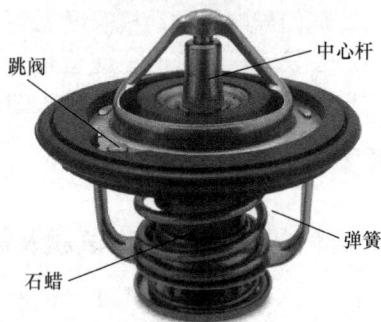

跳阀 中心杆 弹簧 石蜡

4. 节温器阀门最大升程应不低于（ ）。

    A. 8mm   B. 10mm

    C. 5mm   D. 3mm

解析：冷却液温度升高后，蜡式节温器改变阀的开度大小，控制冷却液温度在一定值，节温器阀门最大升程不低于8mm。

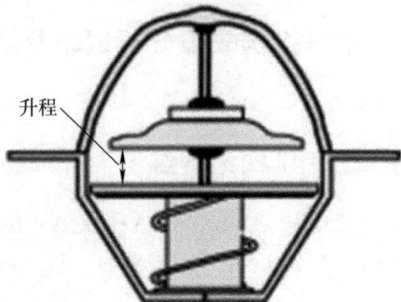

升程

5. 对于风扇离合器而言, 正确的是( )。

A. 增加风扇的转速

B. 降低风扇所产生的噪声

C. 增加扭转比

D. 用以避免过热

解析: 采用风扇离合器可以降低风扇功率消耗, 减少噪声和磨损, 防止发动机过冷, 降低污染, 节约燃料。

6. 冷却风扇使用的硅油离合器, 其前端的螺旋弹簧起内部调节阀的回位作用。( )

A. 正确 B. 错误

解析: 当流经散热器的空气温度升高时, 硅油离合器前双金属螺旋弹簧感温器受热变形, 迫使阀片轴转动, 打开从动板上的进油孔。

螺旋弹簧

风扇硅油离合器

7. 水冷式气缸套有( )型式。(多选题)

A. 空冷套 B. 干式缸套

C. 干湿缸套 D. 湿式缸套

E. 合金缸套

解析: 根据是否与冷却液接触, 气缸套分为干式缸套和湿式缸套。

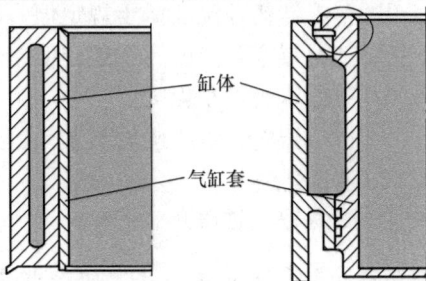

缸体

气缸套

干式缸套 湿式缸套

8. 冷却系冷却强度主要通过( )装置来调节。(多选题)

A. 节温器 B. 水泵

C. 百叶窗 D. 散热器

E. 风扇离合器 F. 风扇

G. 带轮

解析: 节温器、百叶窗、风扇离合器、风扇等有2种或以上的工作状态, 故能调节散热强度。

百叶窗一般应用于公交车或大卡车, 当冬季冷却液温度如偏低, 就可将百叶窗关上, 降低进风量, 保证冷却液温度正常。

散热器百叶窗

二、冷却系统故障分析试题及解析

1. 发动机冷却系冷却液温度低是由于（　　）。

    A. 风扇带打滑

    B. 散热器百叶窗未打开

    C. 节温器阀门开启过早

    D. 散热器和气缸水套内积垢太厚

解析：节温器阀门开启过早（节温器初开温度低于规定值），冷却系统进入大循环，冷却液进入散热器，散热过多将导致冷却液温度低。

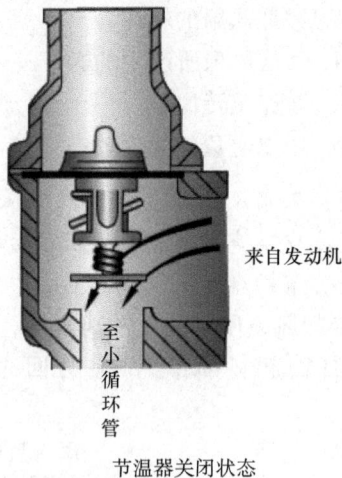
来自发动机
至小循环管
节温器关闭状态

2. 发动机冷却系冷却液温度过高的原因是由于（　　）。（多选题）

    A. 风扇传动带过松（打滑）

    B. 节温器初开温度低于规定值

    C. 节温器全开温度高于规定值

    D. 气缸水套内积垢太厚

    E. 散热器内缺水或水垢严重

    F. 节温器失灵

    G. 散热器水管堵塞

解析：冷却系统的主要故障即冷却液温度过高，轿车一般只有节温器提前打开才可能导致冷却液温度低，其他故障一般导致冷却液温度高。

不使用冷却液而使用普通冷却水冷却的发动机，容易产生一种白色或黄色的沉淀物，即水垢。

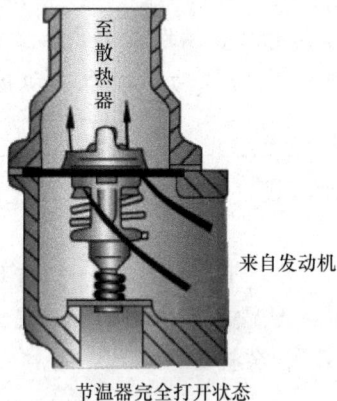
至散热器
来自发动机
节温器完全打开状态

被水垢侵蚀的水泵

3. 若散热器盖损坏，也可能会造成发动机过热。（　　）

    A. 正确   B. 错误

解析：散热器盖上有密封垫，如果密封垫漏水，冷却液会泄漏，因此会造成发动机过热。

密封垫

4. 冷却系统既要防止发动机过热，也要防止发动机过冷。发动机冷起动后首先由（　　）控制使用小循环散热，温度升高后再开启大循环。

　　A. 节温器　　　　B. 水泵

　　C. 膨胀水箱　　　D. 压力盖

　　解析：发动机冷态时，节温器内石蜡呈固态，节温器阀门关闭发动机与散热器之间的通道，冷却液进行发动机小循环。当冷却液温度达到规定值后，石蜡逐渐变为液体，体积增大，节温器阀门开启，这时冷却液流经散热器，进行大循环。

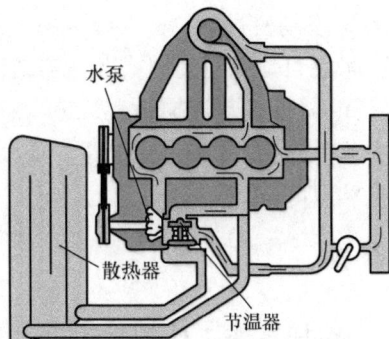

发动机温度过低，会影响燃油雾化质量

三、冷却系统拓展练习

1. 发动机冷却系下列说法正确的是（　　）。（多选题）

　　A. 发动机正常工作温度为 80 ~ 90℃

　　B. 发动机过热，会造成气缸进气量减小或爆燃

　　C. 在任何情况下，冷却系大、小循环同时工作

　　D. 散热器俗称水箱，是将发动机热量，通过水传给空气

　　E. 节温器可分成折叠式或蜡式

2. 拆除发动机的节温器，发动机的冷却液温度可能会更高。（　　）

　　A. 正确　　　　　　B. 错误

3. 冷却系散热器或汽油机水套积垢过多时，会引起发动机过热故障。（　　）

　　A. 正确　　　　　　B. 错误

4. 当发动机机体的温度超过95℃时，冷却液（　　）。

　　A. 全部进行小循环　　　　　　B. 全部进行大循环

　　C. 大、小循环同时进行　　　　D. 不一定

5. 如果节温器阀门打不开，发动机将会出现（　　）的现象。

　　A. 冷却液温度过低　　　　　　B. 冷却液温度过高

　　C. 不能起动　　　　　　　　　D. 怠速不稳定

6. 水冷式冷却系统中，能使发动机温度迅速升高的零件是（　　）。

　　A. 散热器　　　B. 水套　　　　C. 节温器　　　　D. 水泵

7. 不属于膨胀水箱的作用是（　　）。

　　A. 为冷却系统补充冷却液　　　B. 提供冷却液受热膨胀空间

　　C. 排除冷却系统内空气　　　　D. 散热

8. 下列改变不能提高冷却系统散热量的是（　　）。

　　A. 提高风扇转速　　　　　　　B. 加大风扇直径

    C. 提高水泵水流量　　　　　　　　D. 加大膨胀水箱容积

9. 发动机冷却系统中锈蚀物和水垢积存的后果是（　　）。

    A. 发动机升温过慢　　　　　　　　B. 热容量减少

    C. 发动机过热　　　　　　　　　　D. 发动机怠速不稳

10. 采用自动补偿封闭式散热器结构的目的，是为了（　　）。

    A. 降低冷却液损耗　　　　　　　　B. 提高冷却液沸点

    C. 防止冷却液温度过高，蒸汽从蒸汽引入管喷出伤人

    D. 加强散热

参考答案

一、冷却系统工作原理试题及解析

1. B　2. A　3. D　4. A　5. B　6. B　7. BD　8. ACEF

二、冷却系统故障分析试题及解析

1. C　2. ACDEFG　3. A　4. A

三、冷却系统拓展练习

1. ABD　2. A　3. A　4. B　5. B　6. B　7. D　8. D　9. C　10. A

第四节　　润滑系统

一、润滑系统工作原理试题及解析

    1. 润滑系统的作用包括（　　）。（多选题）

    A. 密封　　B. 清洗

    C. 润滑　　D. 冷却　　E. 减振

解析：润滑系统的主要作用是润滑、冷却、清洁、密封、防腐、防锈、减振。机油还有液压介质的作用，当机油道堵塞时还会引起液压挺柱、可变气门正时等部件故障。

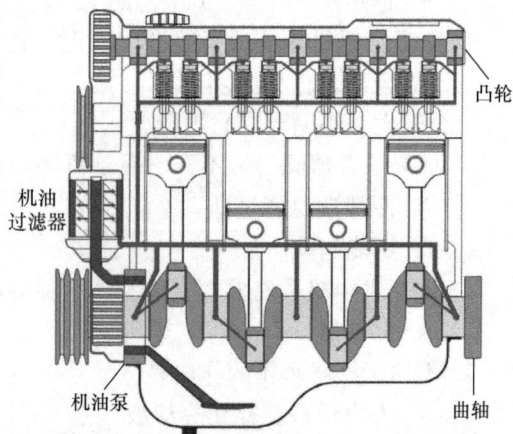

凸轮

机油过滤器

机油泵

曲轴

2. 机油泵常用的形式有（　　　）。
   A. 柱塞式与膜片式
   B. 齿轮式与膜片式
   C. 转子式和活塞式
   D. 转子式与齿轮式

解析：现代轿车发动机润滑系统的机油泵主要采用齿轮式和转子式。

3. 关于转子式机油泵下列说法正确的是（　　　）。（多选题）
   A. 内转子外齿数比外转子内齿数少
   B. 两转子存在偏心距
   C. 外转子主动，内转子从动
   D. 转子式机油泵工作时内、外转子旋向相同
   E. 外转子从动，内转子主动

齿轮式机油泵

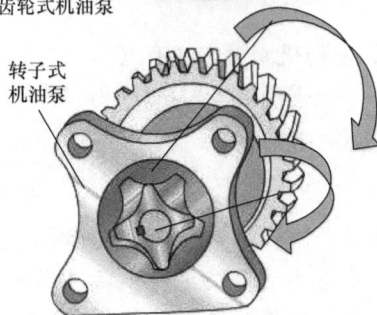

转子式机油泵

解析：转子式机油泵的内转子比外转子少一个齿，内、外转子轴心有一定的偏心距，在运转过程中通过每个腔室的容积变化来实现吸油和泵油。

4. 路试后检查机油温度应不高于（　　　）。
   A. 70℃　　　　　　B. 80℃
   C. 90℃　　　　　　D. 95℃

解析：发动机在工作时机油应保持最佳的温度70～90℃范围内，发动机机油温度不可超过90℃，发动机机油温度过高，其黏度会下降。

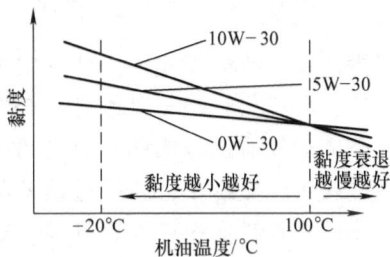

10W-30

15W-30

0W-30

黏度

黏度越小越好　　黏度衰退越慢越好

-20℃　　　　　　100℃

机油温度/℃

5. 汽车发动机正常的机油压力，在怠速时，不应低于0.20MPa。（　　　）
   A. 正确　　　　　　B. 错误

解析：机油压力过低会造成轴承表面润滑不良，加剧轴承与轴颈的磨损。汽车行驶时，机油压力一般保持在0.2～0.5MPa；发动机在怠速时，机油压力应不能低于0.1MPa。

机油压力表

6. 油底壳的主要功用是（　　　）。（多选题）

A. 贮存机油　　　B. 通气

C. 封闭曲轴箱　　D. 支承

E. 散热

解析：油底壳主要的作用是储存机油并封闭曲轴箱。散热也是油底壳的作用，但不是主要的作用。

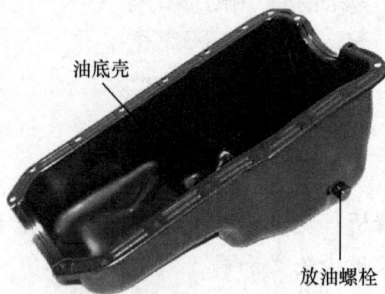

油底壳

放油螺栓

7. 发动机润滑方式有（　　　）。（多选题）

A. 强制　　　　B. 压力

C. 喷射　　　　D. 飞溅

E. 自行

解析：发动机曲轴轴承与轴颈、凸轮轴轴颈与轴承等采用压力润滑；活塞与气缸壁采用飞溅润滑，飞溅润滑无须润滑油管路。

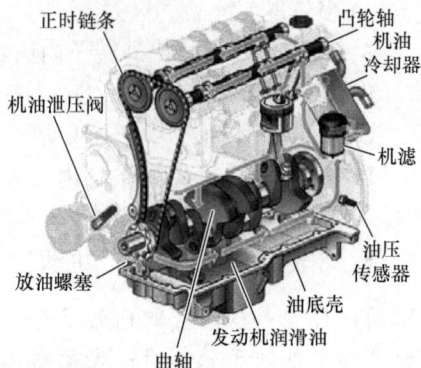

正时链条　　凸轮轴

机油冷却器

机油泄压阀

机滤

放油螺塞

油压传感器

油底壳

发动机润滑油

曲轴

8. 曲轴箱通风的目的是延长机油使用期限，减少摩擦零件磨损，防止发动机漏油。（　　　）

A. 正确　　　　　　B. 错误

解析：在发动机工作时，燃烧室未燃的可燃混合气、水蒸气和废气因为高压会窜入曲轴箱，这会稀释机油，降低机油的使用性能，加速机油的氧化、变质。曲轴箱通风是将废气引入进气管，将新鲜空气引入曲轴箱，这样可以延长机油使用期限。

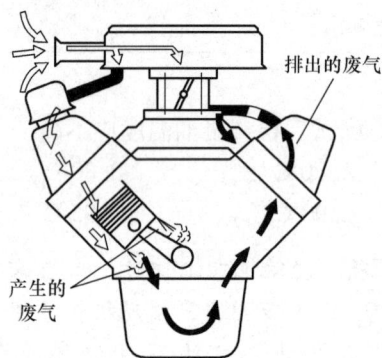

排出的废气

产生的废气

二、润滑系统故障分析试题及解析

1. 发动机机油黏度过低会引起（　　　）。

A. 机油压力过高　　B. 机油温度过高

C. 机油消耗过快　　D. 机油压力过低

解析：黏度过低的机油形成的润滑保护膜变薄，油膜抗剪切能力变差，进而导致机油压力过低，破坏发动机的润滑条件，使发动机组件加剧磨损。

维修警示灯

机油警告灯

2. 发动机润滑系统机油压力过高是由于（　　）。

　　A. 主油道调压阀内柱塞阀不能打开

　　B. 曲轴各轴承磨损超限

　　C. 机油黏度过小

　　D. 机油油底壳内机油集滤器堵塞

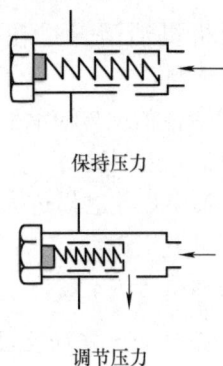

保持压力

调节压力

解析：主油道的调压阀（限压阀）不能打开，不能及时地进行泄压（调节压力），润滑系统的压力将会过高。

3. 发动机润滑系统机油无油压是由于（　　）。

　　A. 主油道调压阀内弹簧压紧力太大

　　B. 曲轴各轴承间隙过小

　　C. 油底壳内机油油面过低

　　D. 机油黏度过大

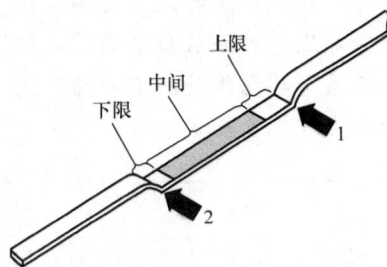

上限

中间

下限

1

2

解析：油底壳内机油油面过低，机油泵无法吸到机油，会导致润滑系统油压低或无油压。

4. 发动机润滑系统机油压力过低是由于（　　）。

　　A. 主油道调压阀内柱塞阀不能打开

　　B. 曲轴各轴承磨损超限

　　C. 机油黏度过大

　　D. 主油道调压阀内弹簧压紧力太大

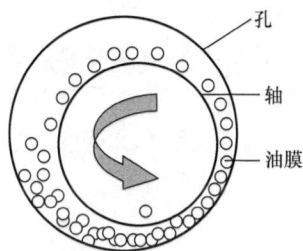

孔

轴

油膜

解析：曲轴各轴承磨损超限以后，因为间隙过大，机油直接从轴承与轴颈间的缝隙处流出，造成机油压力过低。

5. 下列哪条因素不会引起发动机烧机油事故？（　　）

　　A. 活塞环装反

　　B. 活塞与缸壁间隙过小

　　C. 气缸被拉出了沟痕

　　D. 活塞环端隙过大

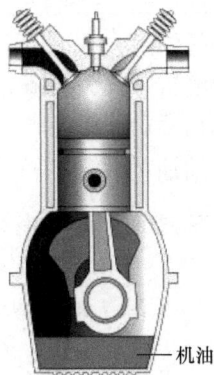

机油

解析：活塞与缸壁间隙过大，会引起机油进入气缸燃烧。活塞与缸壁间隙过小，机油不能进入气缸，容易引起拉缸。

6. 发动机机油消耗过快的原因可能是
（   ）。（多选题）

    A. 曲轴各轴颈与轴承配合松旷

    B. 机油黏度过高

    C. 机油泵齿轮磨损过大

    D. 气缸磨损过量

    E. 曲轴箱通风不良

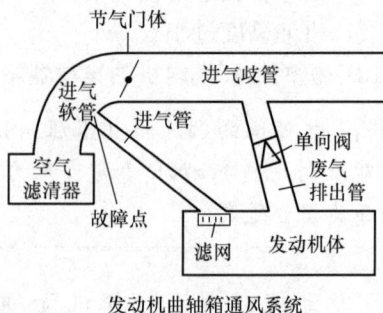

发动机曲轴箱通风系统

解析：导致机油消耗的主要途径是进入气缸燃烧、泄漏和高温氧化变质（曲轴箱通风系统故障引起）等。机油消耗过快的原因，除了泄漏以外，主要是被燃烧，具体包括气缸磨损量过大等原因，机油从曲轴箱进入燃烧室，曲轴箱通风系统单向阀关闭不严的原因，机油从曲轴箱进入进气管等。

7. 桑塔纳 2000GLI 型轿车 AFE 型发动机的机油泵主、从动齿轮与机油泵盖接合面正常间隙为（   ）mm。

    A. 0.15   B. 0.005

    C. 0.05   D. 0.25

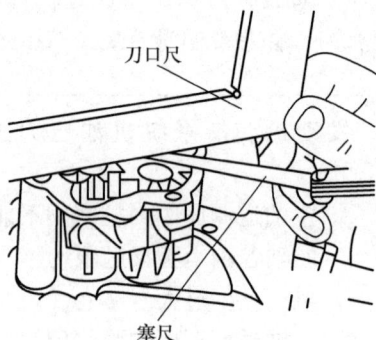

解析：在检测机油泵齿轮与泵盖接合面的间隙时一般采用塞尺（厚薄规）和刀口尺，该车型的此间隙是 0.05mm，磨损极限值为 0.15mm。

8. 下列不是导致机油压力警告灯亮的原因是（   ）。

    A. 机油油量太少

    B. 机油压力开关故障

    C. 曲轴轴承磨损松旷

    D. 机油油量太多

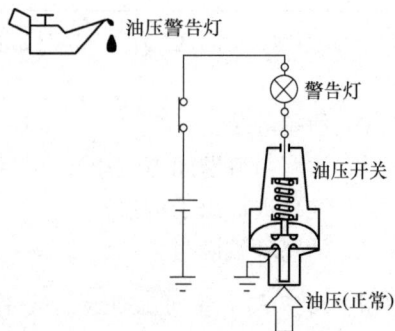

解析：机油压力警告灯亮的主要原因有润滑系统压力过低、机油压力警告灯电路故障。机油压力过低的原因包括机油量不足、摩擦副配合间隙大等原因。

三、润滑系统拓展练习

1. 机油的黏度随温度变化而变化的性能称为（　　）。

　　A. 黏温特性　　　　B. 清净分散性　　　C. 抗氧化性　　　D. 抗腐蚀性

2. 发动机润滑油的正常工作范围是（　　）℃。

　　A. 70～90　　　　B. 40～60　　　　C. 90～110　　　D. 20～60

3. （　　）的作用是冷却润滑油，以保持发动机的油温在正常工作范围之内。

　　A. 油底壳　　　　B. 机油泵　　　　C. 机油散热器　　D. 机油滤清器

4. 下列句子是有关润滑油的，请选出错误的一项。（　　）

　　A. ATF 是自动变速器油　　　　　　　B. SAE90　GL4 是手动变速器油

　　C. SAE 15W－40　CD 级机油是给汽油发动机使用的

　　D. SAE 15W－40　SE 级机油是给汽油发动机使用的

5. 发动机润滑系统中，润滑油的储存装置是（　　）。

　　A. 油底壳　　　　B. 机油泵　　　　C. 机油粗滤器　　D. 机油细滤器

6. 当机油压力低于（　　）MPa 时，机油压力过低警告灯报警开关触点闭合，警告灯点亮。

　　A. 0.03～0.15　　B. 0.15～0.30　　C. 0.30～0.45　　D. 0.45～0.60

7. 按滤清方式不同，润滑系统机油滤清器可分为过滤式和离心式两种。（　　）

　　A. 正确　　　　　B. 错误

8. 粗滤器并联于润滑系统内，用以滤去润滑油中较大的杂质。（　　）

　　A. 正确　　　　　B. 错误

9. 机油压力过低警告灯报警开关安装在（　　）上。

　　A. 润滑油主油道　B. 发动机曲轴箱　C. 气门室罩　　　D. 节气门体

10. 汽油机机油和柴油机机油有时可以代替使用。（　　）

　　A. 正确　　　　　B. 错误

11. 机油散热器的作用是保持油温在 40～60℃的正常工作温度。（　　）

　　A. 正确　　　　　B. 错误

12. AJR 发动机机油泵安装在发动机的（　　）。

　　A. 前端　　　　　B. 后端　　　　　C. 侧面　　　　　D. 下面

参考答案

一、润滑系统工作原理试题及解析

1. ABCDE　2. D　3. ABDE　4. C　5. B　6. AC　7. BD　8. A

二、润滑系统故障分析试题及解析

1. D　2. A　3. C　4. B　5. B　6. DE　7. C　8. D

三、润滑系统拓展练习

1. A　2. A　3. C　4. C　5. A　6. A　7. A　8. B　9. A　10. B　11. B　12. D

第五节　电控燃油喷射系统

一、电控燃油喷射系统工作原理试题及解析

1. 理论空燃比对于汽油机是（　　）。

A. 1　　　　　B. 10

C. 14.7　　　 D. 20

解析：理论上，1kg 汽油完全燃烧需要 14.7kg 的空气，故空燃比 $A/F = 14.7$ 称为标准混合气，空燃比 $A/F > 14.7$ 称为稀混合气，空燃比 $A/F < 14.7$ 称为浓混合气。空燃比等于 14.7 左右时，发动机油耗率和输出功率综合情况最值。

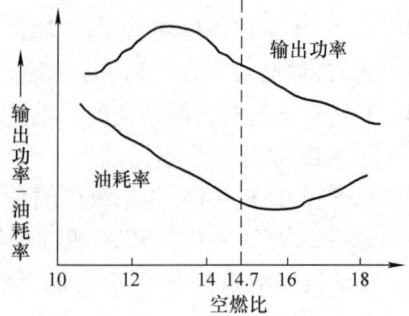

2. 标准混合气的过量空气系数为（　　）。

A. 2　　　　　B. 1.5

C. 3　　　　　D. 1

解析：过量空气系数 α 是燃烧 1kg 燃料实际供给的空气质量与理论上完全燃烧所需的空气质量之比。$\alpha = 1$ 为标准混合气，$\alpha > 1$ 为稀混合气，$\alpha < 1$ 是浓混合气。标准混合气燃烧得最完全，所以，排放物 CO 和 HC 最少。

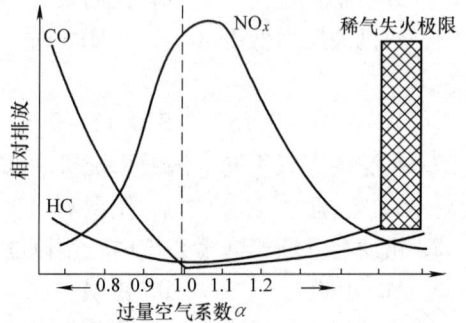

3. 过量空气系数为 1.3 ~ 1.4 时，称为火焰传播上限。（　　）

A. 正确　　　B. 错误

解析：过量空气系数等于 1.3 ~ 1.4 时为火焰传播下限。过量空气系数到达上限或下限，火焰无法传播。

$$\alpha = \frac{\text{燃烧1kg汽油实际消耗的空气量}}{\text{完全燃烧1kg汽油理论上消耗的空气量}}$$

理论上1kg汽油完全燃烧需要空气14.7kg

空燃比=14.7	$\alpha = 1$	标准混合气理论
空燃比<14.7	$\alpha < 1$	浓混合气
空燃比>14.7	$\alpha > 1$	稀混合气

$\alpha = 0.4$	<0.85	0.88	1	1.11	>1.15	1.4
上限	过浓	浓	标准	稀	过稀	下限

4. 汽油机燃油喷射系统最核心的部件（　　）。

A. 执行器　　　B. ECU

C. 传感器　　　D. 喷油器

解析：电控单元（ECU）是电控燃油喷射系统的核心部件，它接收传感器的信号并做计算，再发送指令给执行器，因此它是核心的部件。

发动机电控单元(ECU)

5. 计算机控制多点燃油喷射汽油发动机是向（　　）喷射汽油。

  A. 气缸   B. 进气门处
  C. 进气歧管 D. 进气管

  解析：多点喷射系统是每个气缸设置一个喷油器，各个喷油器分别向各缸进气门处喷油。

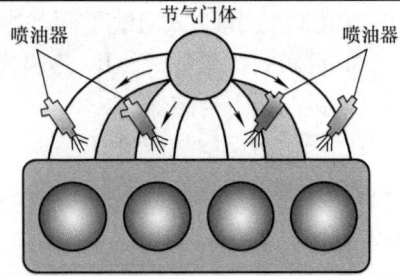

6. 汽油牌号越高，抗爆性越（　　）。

  A. 强 B. 弱 C. 好 D. 坏

  解析：抗爆性是指汽油在发动机中燃烧时抵抗爆燃的能力，例如 90 号汽油，可以保证在压缩比不大于 9 的发动机上使用并且不产生爆燃现象，97 号汽油就可以保证在压缩比不大于9.7 的发动机上使用并且不产生爆燃现象。

汽油标号调整具体办法		
调整前	90#	93#	97#
调整后	89#	92#	95#

7. 为了提高汽油的抗爆性，在汽油中加入少量的四乙基铅。（　　）

  A. 正确 B. 错误

  解析：改善汽油抗爆性的办法就是在汽油中添加其他化学制剂。过去普遍加入四乙基铅，结果生成的是含铅汽油。由于铅对人体有危害，四乙基铅从 1997 年在世界上被禁止使用。

8. 一般 EFI 发动机调节喷油量是通过（　　）。

  A. 控制喷油器活塞升程
  B. 控制输入喷油器的电压
  C. 控制输入喷油器电压时间
  D. 控制喷油器电阻

  解析：ECU 根据相应传感器测得的发动机进气量、转速等诸多运转参数，根据设定的程序进行计算，并按计算结果向喷油器发出电脉冲指令，通过改变电脉冲的宽度来控制各喷油器每次喷油的持续时间。

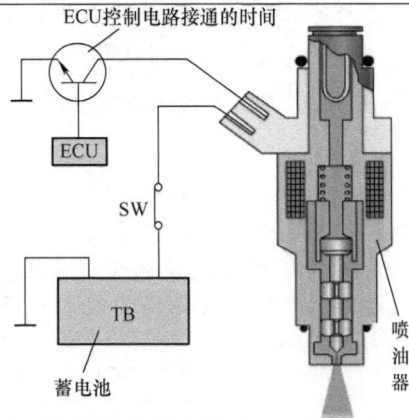

9. 计算机对发动机的控制是将信号输给被控系统后，不将执行结果反馈回计算机，这种控制方式称为（　　）。

  A. 信号控制 B. 开环控制
  C. 信息反馈 D. 闭环控制

  解析：开环控制主要的特点就是被控系统不将执行结果反馈回计算机，而在闭环控制中，被控系统则会将执行结果反馈回计算机，使下一个工作循环控制得更精确。

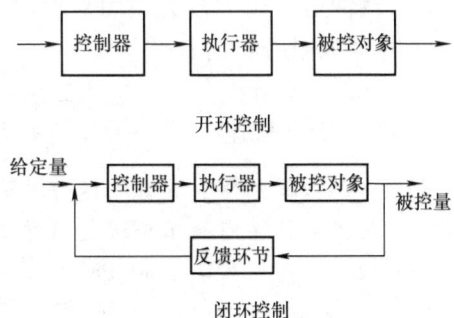

10. 采用间接测量方式测量进气量的是( )。

    A. 翼板式流量计   B. 热膜式流量计

    C. 进气压力传感器

    D. 卡门漩涡空气流量计

解析：进气压力传感器通过测量进气歧管压力间接测量发动机进气量。

11. 电控汽油喷射系统喷射方式均为( )。

    A. 缸内喷射   B. 多点喷射

    C. 缸外喷射   D. 脉冲喷射

解析：缸内喷射、多点喷射、缸外喷射是电控燃油喷射系统中单一的喷射系统，而这三种喷射方式都是控制喷油器喷油脉宽，都属于脉冲喷射。

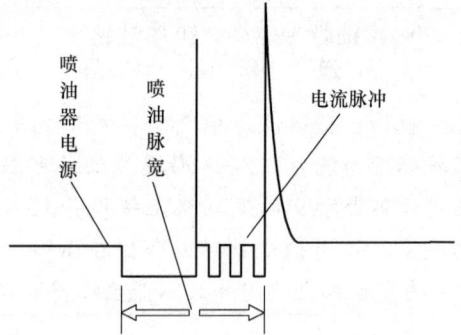

12. 下列哪个传感器与汽油喷射发动机的喷油量无关? ( )

    A. 空气温度   B. 冷却液温度

    C. 制动开关

    D. 发动机真空压力传感器

解析：控制喷油量的参数：进气压力传感器、空气流量计等都是主控信号；冷却液温度传感器和进气温度传感器等属于修正信号参数。

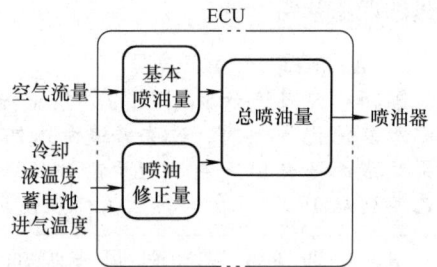

13. 排气中的 NO_x 是在燃烧过程中低温条件下形成的。( )

    A. 正确   B. 错误

解析：NO_x 是在燃烧过程中高温条件下形成的。废气再循环系统就是利用这个效应作用的，让废气稀释混合气，使最高燃烧温度下降，从而降低 NO_x 的生成。

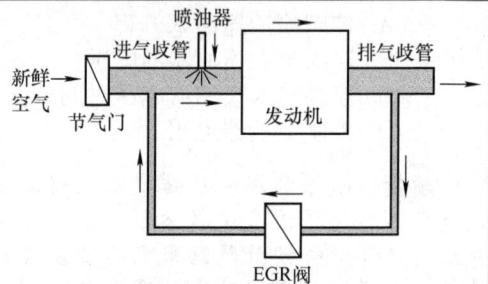

14. 汽油压力调节器的作用是根据（ ）的变化来调节汽油压力。

    A. 进气歧管压力   B. 气缸压力

    C. 发动机转速   D. 发动机负荷

解析：燃油压力调节器自动保持燃油压力为一定值，使供油总管内油压与进气歧管压力之差为一恒定值（一般为 250~300kPa）。

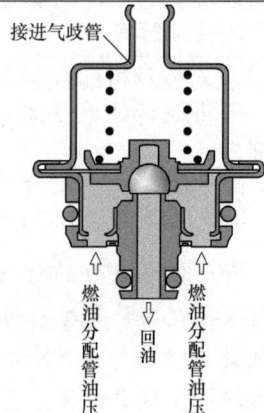

15. 下列关于电动汽油泵的说法哪一种是不正确的（　　）。

    A. 内装式汽油泵不易产生气阻和漏油

    B. 油泵出口处有一单向阀，用于保持油路中有一定的残余压力

    C. 滚柱式电动泵运转噪声小，油压脉动小，不易磨损，使用寿命较长

    D. 叶轮式电动泵油压脉动小，因此不用装油压缓冲器

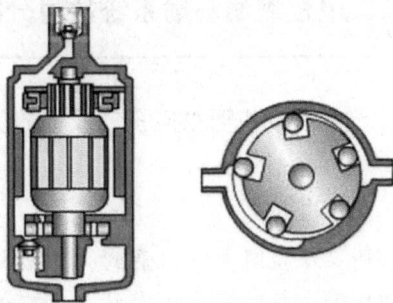

解析： 滚柱式电动泵的不足之处是运转时噪声大，供油压力不稳定，而且容易磨损。

16. 汽车耗油量最少的行驶速度是（　　）。（多选题）

    A. 低速　　　　B. 中速

    C. 高速　　　　D. 超速

    E. 经济车速

解析： 从图中可以看出发动机在中速和经济车速行驶时的油耗最低。

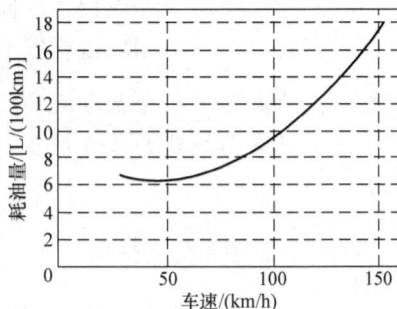

等速百千米燃油消耗量曲线

17. 下列哪项是正确的描述？（　　）

    A. 涡轮增压器是利用进气歧管负压运作的

    B. 涡轮增压器利用空燃混合物的惯性运作

    C. 涡轮增压器是利用废气的能量运行的

    D. 涡轮增压器是利用电池运行的

解析： 废气涡轮增压器用发动机排出的废气能量，经过涡轮转换为转子的回转机械能。

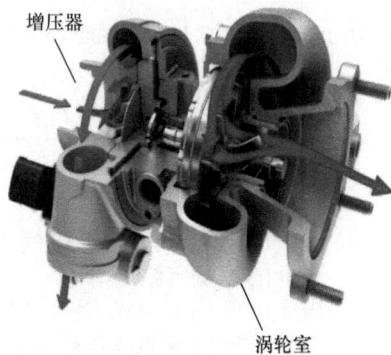

增压器

涡轮室

二、电控燃油喷射系统故障分析试题及解析

1. 汽车发动机要求混合气成分随负荷的增加而变稀。（ ）

  A. 正确   B. 错误

  解析：从左图中可以看到，混合气浓度在小负荷到中等负荷时是由浓变稀，从中等负荷到大负荷时由稀变浓。

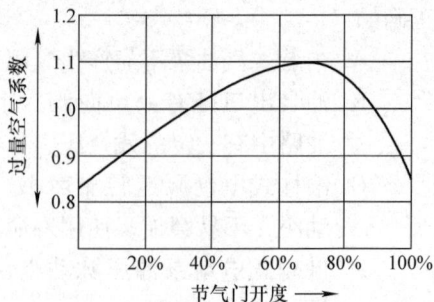

2. 在汽车发动机排放的有害物中，CO 主要是由于燃烧过程中（ ）造成的。

  A. 混合气较浓   B. 混合气偏稀
  C. 高温   D. 混合气不均匀

  解析：汽油成分中包含氢和碳的化合物，混合气较浓会导致参与燃烧的氧气过少，从而导致产生 CO。

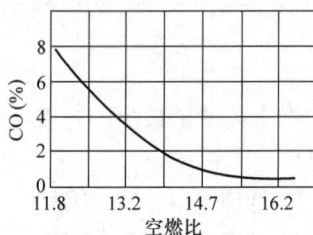

3. 发动机怠速时发生抖动是由于（ ）。（多选题）

  A. 混合气太稀   B. 混合气太浓
  C. 点火次序错乱   D. 气门间隙过大
  E. 个别缸不工作

  解析：怠速抖动的原因包括燃油供给系统有故障，混合气配比不当，点火系统有故障，点火的顺序不正确，缺缸。气门间隙过大的主要现象是气门响声。

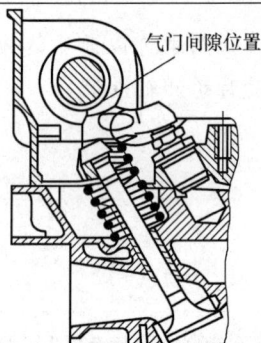

4. 以下关于节气门位置传感器信号，哪个说法错误（ ）。

  A. 随着节气门开度增加，节气门位置传感器输出电压升高。
  B. 随着节气门开度增加，节气门位置传感器电阻值升高。
  C. 节气门位置传感器电压信号把节气门打开的速度传给 ECU。
  D. 电子节气门系统采用双节气门位置传感器输出相等的电压信号。

  解析：在节气门全关、点火开关置于 ON 位置时，VTA1 的电压是 0.5 ~ 1.2V，VTA2 的电压是 2.1 ~ 3.1V。

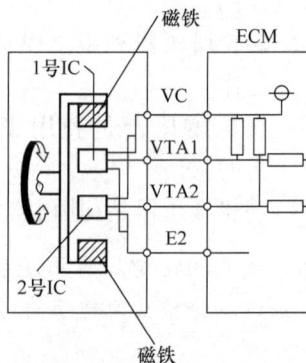

5. 发动机怠速系统是保证在怠速和很小负荷时供给较浓的混合气。（　　）（判断题）

    A. 正确　　　　　　B. 错误

解析：汽油机在怠速工况下，缸内残余废气很多，为保证燃烧稳定，需要加浓混合气。在怠速即节气门开度为 0 的情况下，过量空气系数在 0.8 左右，此时，提供的为较浓的混合气。

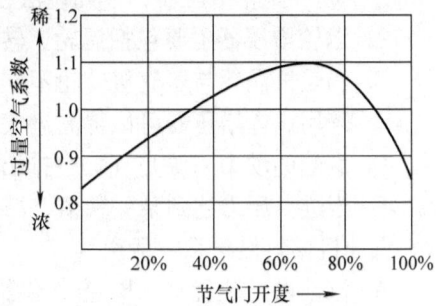

三、电控燃油喷射系统拓展练习

（一）单选题

1. 90 号汽油表明汽油的（　　）为 90。

    A. 沸点　　　　　B. 凝点　　　　　C. 辛烷值　　　　　D. 抗爆值

2. 真空增压器主要利用发动机（　　）的真空度。

    A. 空滤器　　　　B. 进气歧管　　　C. 排气歧管　　　D. 排气管

3. 以下关于电动汽油泵主要优点描述正确的是（　　）。

    A. 有效克服"气阻"现象　　　　　　B. 无油流脉冲现象

    C. 寿命长、工作可靠　　　　　　　　D. 频率高，可达每秒 2000 次

4. 以控制阀芯的移动方向和移动距离，从而调节旁通气道进气量的怠速电控阀中，错误的是（　　）。

    A. 双金属片式　　B. 蜡式怠速阀式　C. 步进电机式　　D. 脉冲电磁阀式

5. 空燃比 15∶1 表示（　　）。

    A. 15kg 的空气比 1kg 的燃油　　　　B. 15cc 的空气比 1cc 的燃油

    C. 15cm 的空气比 1cm 的燃油　　　　D. 15mmHg 的空气比 1mmHg 的燃油

6. 当燃油管被加热后，燃油在管内蒸发产生气泡而阻断燃油的流动现象称为（　　）。

    A. 空穴现象　　　B. 浸透现象　　　C. 褪化现象　　　D. 气阻现象

7. 汽车在行驶过程中，随着节气门的开大，内燃机的负荷增加，汽车的耗油量随之____，汽车的动力随之____。（　　）

    A. 增加、减少　　B. 增加、增加　　C. 减少、增加　　D. 减少、减少

（二）多选题

1. 电控燃油喷射系统的控制系统主要由（　　）组成。

    A. 传感器　　　　　B. 电控单元（ECU）　　　C. 轮速传感器

    D. 执行器　　　　　E. A/D 转换器

2. 电控燃油喷射汽油机主要控制（　　）。

    A. 发动机转速　　　B. 喷油量　　　　　　　C. 喷油定时

    D. 燃油停供　　　　E. 燃油泵

3. 汽油的使用主要指标是（　　）。

    A. 蒸发性　　　　　B. 热值　　　　　　　　C. 抗爆性

    D. 流动性　　　　　E. 着火性

4. 关于废气涡轮增压器，下列说法正确的是（　　　）。

    A. 涡轮增压器主要包括涡轮、转子轴、压气机叶轮等机件

    B. 涡轮机涡轮与压气机叶轮不同轴

    C. 采用涡轮增压器可以提高进气量，提高发动机功率

    D. 涡轮的动力来源是气缸中排出的废气

    E. 当进气压力达到某一数值，减压阀开启，使部分废气排走，保护涡轮机

5. 汽油机燃料供给系一般由（　　　）组成。

    A. 汽油供给装置　　　B. 空气供给装置　　　　　C. 可燃混合气形成装置

    D. 可燃混合气供给和废气排出装置　　　　　E. 喷油泵总成

（三）判断题

1. 汽车在行驶中低速最节省燃油。　　　　　　　　　　　　　　　　　　（　　　）

2. 汽油的抗爆性是指在气缸燃烧时避免产生爆燃的能力。　　　　　　　（　　　）

3. 采用废气再循环装置可以降低 NO_x 排放量。　　　　　　　　　　　　（　　　）

4. 采用甲醇与汽油的混合燃料可以降低 HC 和 CO 的排放量。　　　　　　（　　　）

5. 发动机充气效率愈高，进入气缸内新鲜空气就愈多。　　　　　　　　（　　　）

6. 动力性好的汽车则燃油经济性较差；反之，燃油经济性好的汽车则动力性较差。

                                                   （　　　）

7. 发动机所用的汽油蒸发性愈强愈好。　　　　　　　　　　　　　　　（　　　）

8. 汽油机产生的 NO_x 废气排量，基本上是由混合气的空燃比所支配的。（　　　）

9. 在燃油喷射发动机中，叶片式空气流量计的进气阻力比旋涡式空气流量计要小。

                                                   （　　　）

10. 废气涡轮增压的特点是增压效果随转速升高而有十分明显的作用。（　　　）

11. 机械式燃油喷射的特点在于只要发动机运转，喷油器就连续不停地喷油。（　　　）

12. 所谓涡轮增压器实际上就是一个压气机，使进气得到压缩，提高发动机的充气效率。

                                                   （　　　）

参考答案

一、电控燃油喷射系统工作原理试题及解析

1. C　2. D　3. B　4. B　5. B　6. C　7. A　8. C　9. B　10. C　11. D　12. C
13. B　14. A　15. C　16. BE　17. C

二、电控燃油喷射系统故障分析试题及解析

1. B　2. A　3. ABCE　4. D　5. A

三、电控燃油喷射系统拓展练习

（一）单选题：1. C　2. B　3. A　4. D　5. A　6. D　7. B

（二）多选题：1. ABD　2. BCDE　3. ABC　4. ACDE　5. ABCD

（三）判断题：1. ×　2. √　3. √　4. √　5. √　6. ×　7. ×　8. ×　9. ×　10. √
11. √　12. √

第六节   柴油发动机

一、柴油发动机工作原理试题及解析

1. 柴油机混合气的形成是在（   ）内完成的。

　　A. 进气管　　　　B. 喷油泵

　　C. 燃烧室　　　　D. 喷油器

解析：柴油机都是采用缸内喷射，喷入气缸的柴油与空气在燃烧室中混合。

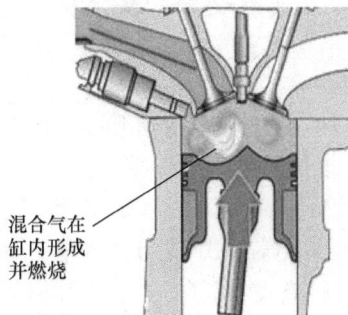

混合气在缸内形成并燃烧

2. 柴油机的压缩比一般为（   ）。

　　A. 6～10　　　　B. 10～15

　　C. 15～22　　　　D. 22～25

解析：汽油发动机压缩比一般为9～12，柴油发动机压缩比一般为15～22。

压缩比＝气缸总容积÷燃烧室容积。

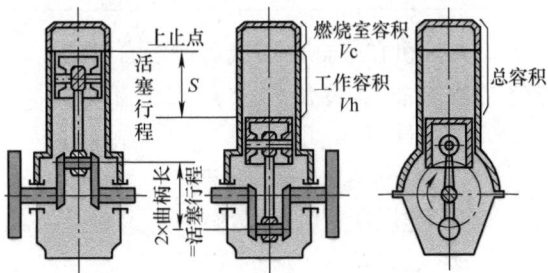

3. 孔式喷油器主要用于（   ）的柴油机中。

　　A. 涡流式燃烧室

　　B. 预燃式燃烧室

　　C. 直接喷射式燃烧室

　　D. 分隔式燃烧室

解析：孔式喷油器喷射压力高，雾化较好，适合直接喷射式燃烧室。直接喷射式（统一式）燃烧室包括球形和ω形。

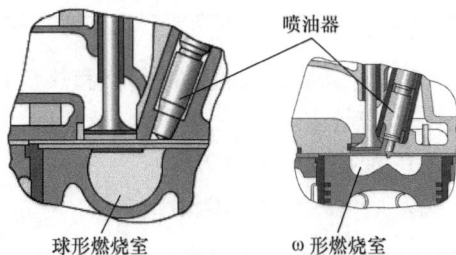

喷油器

球形燃烧室　　　　ω形燃烧室

4. 轴针式喷油器孔径较大，喷油压力
（　　），适用于涡流式和预燃式燃烧室。
　　A. 很高　　　　B. 较高
　　C. 中等　　　　D. 较低

解析：轴针式喷油器孔径大，喷油压力较低。分隔式燃烧室包括涡流式与预燃式。

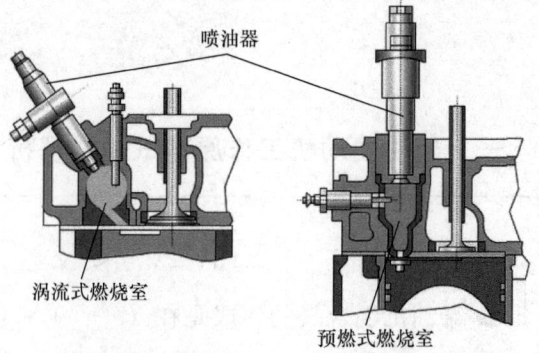

喷油器

涡流式燃烧室

预燃式燃烧室

5. 柴油机的燃烧室有哪几种类型？
（　　）（多选题）
　　A. 分隔式　　　　B. 球形
　　C. 直接喷射式　　D. 盆形
　　E. 涡流式

解析：柴油机的燃烧室包括直接喷射式（统一式）和分隔式。孔式喷油器用于直接喷射式燃烧室，轴针式用于分隔式燃烧室。

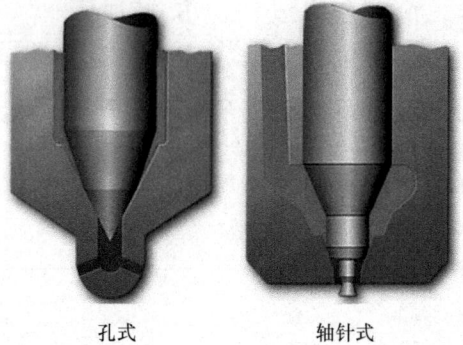

孔式　　　　　　轴针式

6. 柴油机在气缸内形成可燃混合气与燃烧过程按曲轴转角划分为几个阶段？
（　　）（多选题）
　　A. 备燃期　　　B. 压缩期
　　C. 速燃期　　　D. 缓燃期
　　E. 后燃期　　　F. 爆燃期

解析：如左图所示，可燃混合气燃烧过程可分为，AB 备燃期（着火延迟期），BC 速燃期（急燃期），CD 缓燃期（D 点为温度最高点），DE 后燃期。

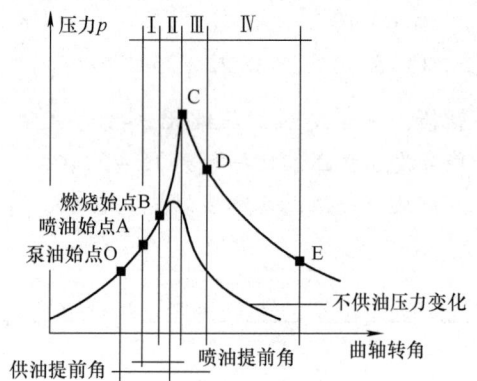

压力 p　Ⅰ Ⅱ Ⅲ　　Ⅳ

C

D

燃烧始点 B
喷油始点 A
泵油始点 O

E

不供油压力变化

曲轴转角

供油提前角　　喷油提前角

7. 为了适应柴油机的机械负荷和热负荷的增长，设计出（　　）活塞。
　　A. 油冷　　B. 水冷
　　C. 合金　　D. 耐热

解析：为了应对机械负荷与热负荷，常采用发动机润滑油冷却活塞。

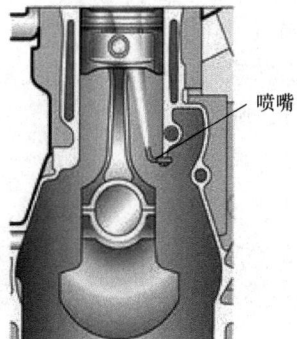

喷嘴

8. 柴油的十六烷值愈高，则最佳喷油提前角就（　　）。

    A. 愈小　　B. 较大

    C. 较小　　D. 愈大

解析： 十六烷值（CN）是评定柴油着火性能的指标，在一定范围内，CN值越高，着火性能就越好，喷油提前角就越大。

9. 供油量愈大、转速愈高，则最佳喷油提前角就（　　）。

    A. 愈小　　B. 较大

    C. 较小　　D. 愈大

解析： 当转速增加时，由于喷油延迟角增大以及燃烧过程所占的曲轴转角可能增大，为保证燃油在上止点附近及时燃烧，需要适当加大供油提前角。

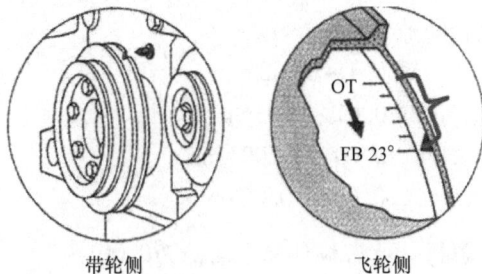

带轮侧　　　　　飞轮侧

10. 喷油泵改变供油量大小是通过油量调节机构来改变柱塞的（　　）行程。

    A. 最大　　　　B. 最小

    C. 有效　　　　D. 最低

解析： 柱塞从出油阀开启，到柱塞的螺旋线或斜槽上线打开回油孔时移动的距离叫柱塞的有效行程。

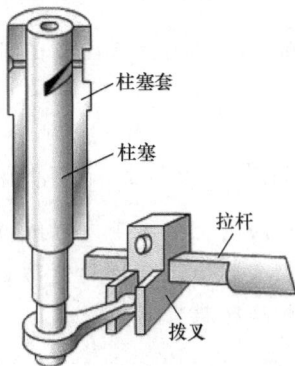

柱塞套

柱塞

拉杆

拨叉

11. 柴油机的调速器是保证怠速时稳定转速，限制其（　　）转速。

    A. 最高　　B. 最低

    C. 超速　　D. 不稳定

解析： 柴油发动机调速器控制发动机运行的最高转速和最低转速，使柴油机运行稳定。

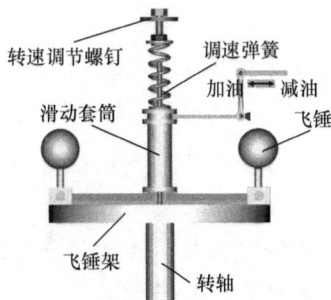

转速调节螺钉　　　调速弹簧

加油　减油

滑动套筒　　　　　　飞锤

飞锤架　　转轴

12. 柴油机联轴器的作用是为获得（　　）。

    A. 最大速度　　B. 最大转矩

    C. 最佳喷油提前角

    D. 最佳经济效果

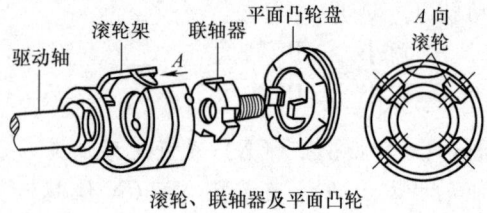

滚轮、联轴器及平面凸轮

解析：联轴器的作用是弥补喷油泵安装时造成的喷油泵凸轮轴和驱动轴的同轴度偏差；用小量的角位移调节供油提前角，以获得最佳的喷油提前角。

13. 柴油机的分泵中柱塞副偶件，其配合间隙为（　　）。

    A. 0.1 ~ 0.3mm

    B. 0.01 ~ 0.03mm

    C. 0.001 ~ 0.003mm

    D. 0.002 ~ 0.005mm

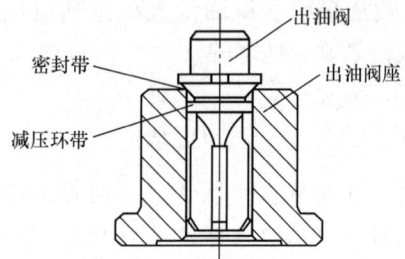

解析：精密偶件配合间隙为0.001 ~ 0.003mm。配合间隙过大会漏油，过小影响针阀的往复运动。

14. 喷油泵出油阀上减压带的作用是（　　）。

    A. 减压　　　　B. 密封

    C. 润滑　　　　D. 避免滴油

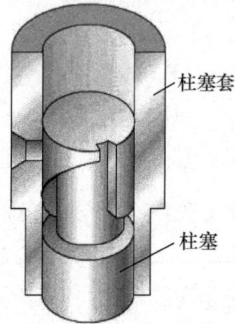

解析：出油阀上减压带可以降低高压油路内的剩余压力，其目的是防止喷油器二次喷射和后期滴油。

15. 输油泵所供柴油量应（　　）喷油泵的需要量。

    A. 大于或等于　　B. 小于

    C. 大于　　　　　D. 等于

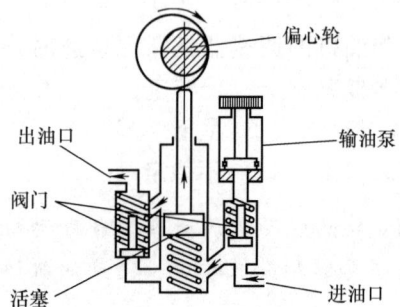

解析：输油泵的作用是保证柴油在低压油路内循环，并供应足够数量及一定压力的燃油给喷油泵，其输油量应为全负荷最大喷油量的3 ~ 4倍。

16. 车用柴油机的喷油泵按原理不同可分为（　　）。（多选题）

    A. 喷油泵—喷油器式

    B. 电动式喷油泵

    C. 柱塞式喷油泵

    D. 叶片式喷油泵

    E. 转子式分配泵

解析：常用喷油泵包括柱塞式喷油泵、喷油泵—喷油器和转子式分配泵。喷油泵—喷油器是把柴油机喷油泵和喷油器组合成一体，并单独安装在每个气缸顶部的高压燃油喷射装置。

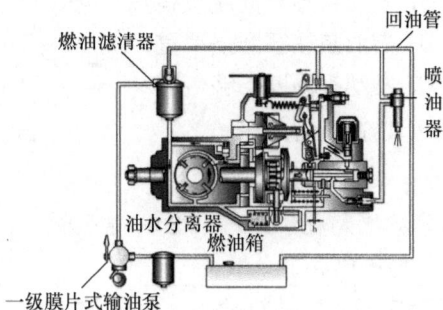

17. 旋进柴油发动机喷油器端部的调压螺钉，喷油器喷油开启压力应（　　）。

    A. 不变　　B. 升高

    C. 降低　　D. 有时高有时低

解析：旋进调压螺钉后，调压弹簧压紧力更大，喷油开启压力更高，回油量更少。

18. 评价柴油机喷油器的喷油质量是喷油量。（　　）

    A. 正确　　　　B. 错误

解析：喷油雾化情况是评价喷油器的重要指标。

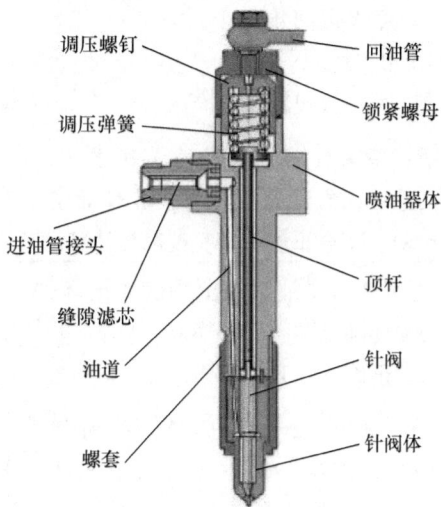

二、柴油发动机故障分析试题及解析

1. 对喷油泵柱塞副进行滑动性检验时，倾斜（　　），柱塞在柱塞套内应能缓慢下滑到底。

    A. 45°　　B. 60°

    C. 75°　　D. 90°

解析：拿住在柴油中浸泡过的柱塞偶件中的柱塞套，使柱塞偶件倾斜60°，轻轻抽出柱塞约三分之一，然后松开，柱塞应自由下滑，落在柱塞套的支承面上。

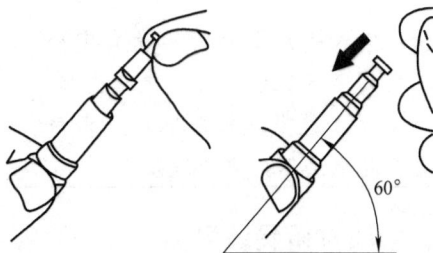

2. 柴油发动机工作中冒白烟是因为（　　）。

　A. 发动机短时间超负荷

　B. 喷油泵柱塞磨损严重

　C. 发动机温度不够

　D. 供油时间过早

冒白烟的原因 { ■ 供油过迟
　　　　　　 ■ 水进入气缸
　　　　　　 ■ 温度过低
　　　　　　 ■ 压缩不足

解析：柴油发动机温度过低，部分柴油未燃烧便变成油蒸汽，它从排气管中随废气排出就成了白烟。

3. 造成柴油发动机动力不足的原因可能是（　　）。（多选题）

　A. 喷油泵柱塞副磨损严重

　B. 喷油嘴喷油雾化不良

　C. 点火提前角过小

　D. 供油量不足

　E. 混合气过浓

解析：柴油发动机采用的是压燃式，没有点火系统，它没有节气门，其过量空气系数 $\alpha > 1$，不会出现混合气过浓的情况。

4. 若柴油机供油系中出油阀座损坏，更换时必须连同出油阀一起换新。（　　）

　A. 正确　　B. 错误

解析：出油阀和出油阀座是一对偶件，偶件通常指相互配合且要求很高的轴孔类配合件。偶件必须成对更换。

5. 柴油发动机冒黑烟的原因不包括（　　）。

　A. 进气不充分　　B. 供油过多

　C. 缸压不足　　　D. 负载过大

　E. 温度过低

供油过多
排气不畅
进气不充分
缸压不足
负载过大

解析：喷入气缸中的柴油没有完全烧尽，而在高温下变成炭粒，即为黑烟。进气不足、供油过多、缸压不足、负载过大都会引起柴油不会完全燃烧。

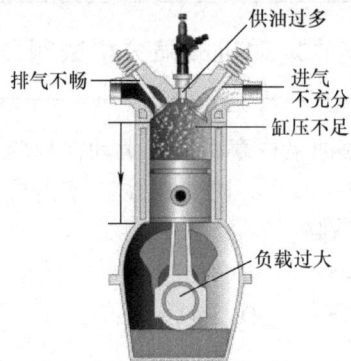

三、柴油机拓展练习

（一）选择题

1. 根据柴油发动机气缸压力和温度的变化特点，可将混合气的形成与燃烧过程按曲轴转角划分四个时期，其中，备燃期是指（　　　），速燃期是指（　　　），缓燃期是指（　　），后燃期是指（　　　）。

  A. 燃烧温度最高点到燃烧停止后之间曲轴转角

  B. 燃烧压力最高点到燃烧温度最高点之间曲轴转角

  C. 燃烧开始点到燃烧压力最高点之间曲轴转角

  D. 喷油开始点到燃烧开始点之间曲轴转角

2. 柴油机两速调速器是为限制发动机的（　　　）。（多选题）

  A. 转速　　　B. 最高转速　　　C. 稳定怠速　　　D. 最大转矩　　　E. 最大功率

3. 车用柴油机喷油泵可分成下列哪几种形式（　　　）。（多选题）

  A. 柱塞式　　　　　　　　B. 喷油泵 - 喷油器式

  C. 转子分配式　　　　　　D. 齿轮式　　　E. 齿条式

4. 柴油机的喷油泵按作用原理可分为（　　　）。（多选题）

  A. 转子分配泵　　　　　　B. 喷油泵 - 喷油器

  C. 侧置分配的泵　　　　　D. 轴向分配式泵E. 柱塞泵

5. 柴油机的空气供给部分由（　　）组成。（多选题）

  A. 喷油器　　B. 空滤器　　　C. 进气管　　　D. 气泵　　　E. 增压阀

6. 喷油泵调试的主要内容是（　　）。（多选题）

  A. 供油时间　　B. 供油压力　　C. 供油量　　　D. 调速器　　　E. 喷油距离

7. 柴油机燃料供给系的几对偶件分别是（　　　）。（多选题）

  A. 针阀与针阀体　　　　　B. 出油阀与出油阀座

  C. 喷油泵与喷油器　　　　D. 拨叉与拨叉轴

  E. 柱塞与柱塞套筒

8. 柴油机喷油泵最佳喷油提前角是指获得（　　　）的喷油提前角。（多选题）

  A. 最小燃油消耗率　　　　B. 最大转速

  C. 最大转矩　　　　　　　D. 最大功率

  E. 额定功率

（二）判断题

1. 喷油泵出油阀上减压环带的作用是减小喷油量。（　　　）

2. 喷油提前角的大小对柴油机工作影响很大，喷油泵提前角过大将导致排气管冒白烟。（　　）

3. 柴油机调速器作用是稳定低速、限制高速。（　　　）

4. 柴油机的燃烧过程包括着火落后期、速燃期、缓燃期、补燃期。（　　　）

5. 柴油机燃烧混合物中，空气与柴油的比例为16∶1。（　　　）

6. 柴油机的全速调速器能控制从怠速到最高限制转速范围内任何转速下的喷油量。（　　　）

7. 提高柴油机功率最有效的措施是增加供油量。（　　　）

8. 柴油机速燃期的气缸压力达到最高，温度也最高。（　　　）

9. 柴油机的全速调速器不仅能够稳定怠速和限制超速，还能够控制柴油机在允许的转速范围内的任何转速下工作。（　　　）

10. 柴油机全速调速器的作用是能在允许的转速范围内，控制喷油量以达到最经济状

态。（　　）

11. 柴油机调速器的作用是当负荷改变时，自动地改变供油量以维持运转稳定。（　　）

12. 柴油机调速器的作用是限制最高转速，维持最低转速。（　　）

13. 柴油机的喷油泵应向喷油器提供足够量的燃油，以保证喷雾性能良好。（　　）

参考答案

一、柴油发动机工作原理试题及解析

1. C　2. C　3. C　4. D　5. AC　6. ACDE　7. A　8. D　9. D　10. C　11. A　12. C　13. C　14. D　15. C　16. ACE　17. B　18. B

二、柴油发动机故障分析试题及解析

1. B　2. C　3. ABD　4. A　5. E

三、柴油机拓展练习

（一）选择题：1. DCBA　2. BC　3. ABC　4. ABE　5. BC　6. ACD　7. ABE　8. AC

（二）判断题：1. ×　2. ×　3. ×　4. √　5. ×　6. ×　7. ×　8. ×　9. √　10. ×　11. √　12. ×　13. ×

第二章

汽车底盘

第一节　传动系统

一、离合器工作原理试题及解析

1. 汽车单片离合器的压盘是用（　　）传力的。

　　A. 传动片　　B. 传动销

　　C. 传动轴　　D. 传动块

传动片

解析：发动机动力从离合器盖，经传动片传至压盘。

2. 当离合器处于全结合状态时，变速器的第一轴（　　）。

　　A. 比发动机曲轴转速高

　　B. 比发动机曲轴转速低

　　C. 不转动

　　D. 与发动机曲轴转速相同

飞轮　　压盘　　离合器踏板　　变速器轴　　摩擦片

解析：离合器结合时，从动盘不存在滑动，动力不增不减直接传给变速器第一轴，所以，曲轴和飞轮、压盘、变速器转速都相同。

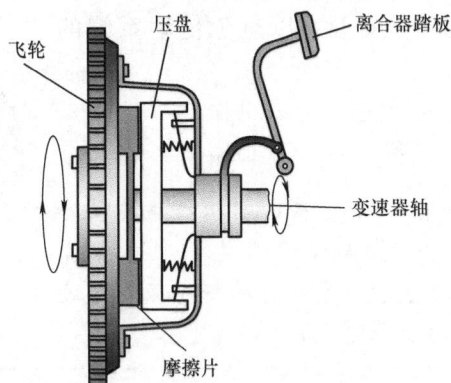

3. 汽车膜片弹簧离合器与圆柱弹簧离合器相比缺点是（　　）。

　　A. 结构复杂

　　B. 加在压盘的压力不均匀

　　C. 摩擦片磨损时，弹簧压力就
　　　　会减小

　　D. 制造困难

解析：膜片弹簧离合器结构简单，压力均匀且能自动调节压紧力，但制造成本比圆柱弹簧离合器高。膜片弹簧几何精度极高，力学性能要求非常严格。

4. 膜片弹簧离合器由（　　）组成。（多选题）

  A. 从动盘 B. 压盘

  C. 飞轮   D. 膜片弹簧

  E. 分离轴承

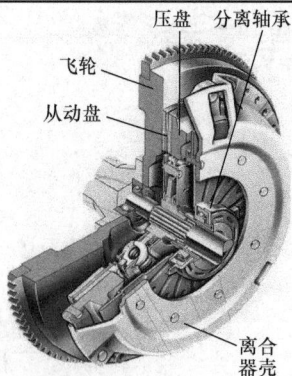

压盘　分离轴承
飞轮
从动盘
离合器壳

  解析：膜片弹簧离合器包括四个部分：主动部分（飞轮、压盘），从动部分（从动盘）、压紧机构（膜片弹簧等）、操纵机构（分离轴承等）。

5. 离合器中的（　　）上带有摩擦系数很高的摩擦衬片。

  A. 压盘   B. 中间压盘

  C. 从动盘 D. 离合器盖

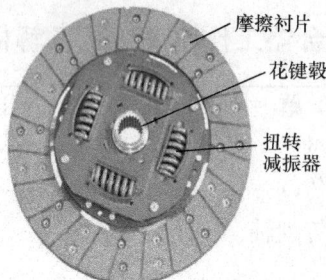

摩擦衬片
花键毂
扭转减振器

  解析：如图所示，从动盘组件主要包括摩擦衬片、扭转减振器、花键毂等。

6. 轿车上离合器基本都采用带扭转减振器的从动盘，以避免传动系统的（　　）。

  A. 振动 B. 共振

  C. 摆动 D. 谐振

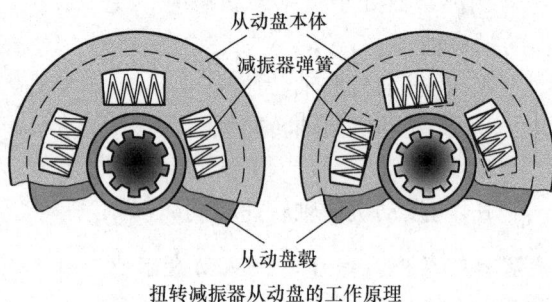

从动盘本体
减振器弹簧
从动盘毂
扭转减振器从动盘的工作原理

  解析：带扭转减振器从动盘的动力传递顺序是：从动盘本体→减振器弹簧→从动盘毂，发动机的扭转振动通过减振弹簧就都能衰减。

7. 汽车修理好后，为保证离合器分离轴承与分离杠杆的间隙在 1.5 ~ 5mm 之间，应在车上调整离合器（　　）。

  A. 踏板的自由行程

  B. 分离杠杆的高度

  C. 分离轴承间隙

  D. 分离套筒的位置

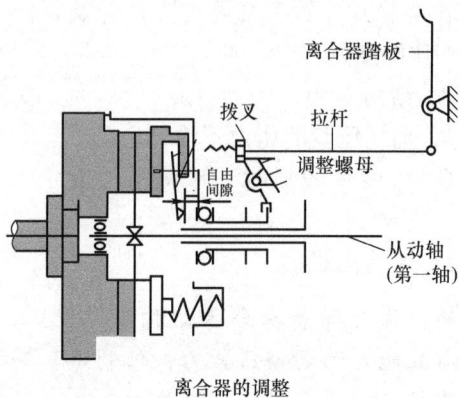

离合器踏板
拨叉　拉杆
调整螺母
自由间隙
从动轴（第一轴）
离合器的调整

  解析：离合器在正常接合状态下，分离杠杆内端与分离轴承之间应留有一个间隙，而这一间隙反映到离合器踏板上就是踏板的自由行程。

8. 汽车单片式离合器从动盘的装配方向是（   ）。

    A. 短毂朝前   B. 短毂朝后

    C. 任意方向安装均可

    D. 长毂朝前

长毂

解析：长毂安装时其方向朝变速器，并与变速器输入轴连接。如果长毂朝前，飞轮和从动盘不能完全接合。

二、离合器故障分析试题及解析

1. 造成汽车起步时发抖的原因是（   ）。

    A. 离合器压盘弹簧力不均

    B. 离合器打滑

    C. 发动机无力

    D. 制动脱滞

燃损的摩擦片

解析：压盘弹簧力不均匀，会导致压紧的先后时间不同步，压盘受力不均匀，甚至歪斜，致使主、从动盘接触不良，造成离合器抖动。

2. 造成汽车变速器换档困难的主要原因是（   ）。

    A. 变速器操作杆自锁弹簧折断

    B. 变速器齿轮磨损严重

    C. 离合器踏板自由行程过小

    D. 离合器分离不彻底

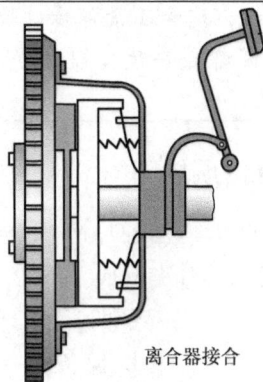

离合器接合

3. 离合器分离不彻底会出现下列哪些不正常现象?（   ）

    A. 脱档   B. 挂档困难

    C. 跳档   D. 乱档

解析：离合器分离不彻底，动力未中断，会导致挂档困难；反之，变速器换档操作正确的情况下，挂档或摘档时产生严重撞击，且挂不上档或摘不下档的现象，这多数是因为离合器分离不彻底。

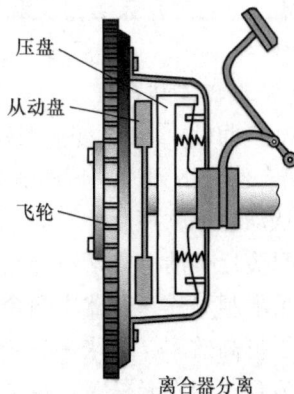

压盘

从动盘

飞轮

离合器分离

4. 汽车在加速时，车速不能随发动机转速的提高而加快，行驶无力，造成这种现象的主要原因是（　　）。

A. 制动脱滞

B. 失去转向能力

C. 发动机负荷过大

D. 离合器打滑

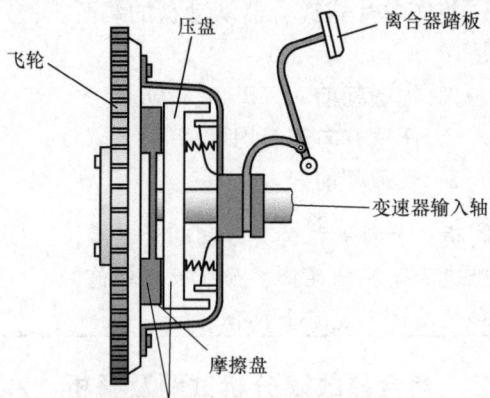

解析： 离合器打滑使发动机的动力没有全部传递给变速器，这会消耗了一部分动力，致使汽车行驶无力。

5. 离合器打滑的原因可能是（　　）。（多选题）

A. 离合器踏板自由行程过小或没有

B. 离合器踏板自由行程过大

C. 压紧弹簧过软或折断

D. 压紧弹簧过硬

E. 摩擦片磨损变薄，老化或沾有油污

解析： 离合器踏板自由行程过小就相当于踩下了踏板，这和压紧弹簧过软，摩擦片变薄等原因都会导致摩擦片受压力过小而打滑。

三、离合器拓展练习

1. 对离合器的主要要求是（　　）。

A. 接合柔和，分离彻底　　　B. 接合柔和，分离柔和　　　C. 接合迅速，分离彻底

2. 离合器的（　　）系数过大，不能防止传动系统过载。

A. 安全　　　　　B. 储备　　　　　C. 压力　　　　　D. 后备

3. 离合器的（　　）系数过大和过小都有害处。

A. 离合　　　　　B. 后备　　　　　C. 质量　　　　　D. 无级改变

4. 离合器从动盘安装在（　　）上。

A. 发动机曲轴　　　B. 变速器输入轴　　C. 变速器输出轴　　　D. 变速器中间轴

5. 关于离合器，下列说法正确的是（　　）。（多选题）

A. 当从动盘上摩擦片变薄时，踏板自由行程变小

B. 当摩擦片有油污或铆钉外露时，可能导致离合器打滑

C. 为了限制双片离合器中两个压盘之间距离，采用调整限位螺钉

D. 为了提高效率，可采用一个铆钉铆接双层摩擦片

E. 当离合器踏板未踩时，离合器中主动盘与从动盘处于结合状态

6. 摩擦片式离合器基本上是由（　　　）组成。（多选题）

    A. 主动部分　　B. 从动部分　　C. 压紧机构　　D. 操纵机构　　E. 分离机构

7. 下列叙述有误的是（　　　）。

    A. 大修发动机的时候，开口销可重新使用

    B. 离合器的操作是通过钢索或液压离合控制发动机传到变速器的动力

    C. 在液压式离合器有一免调整的分泵，有一弹簧是使离合器拨叉上与推杆保持连接

    D. 变速箱有一连锁机构可防止同时拨入两个档的齿轮

8. 离合器的后备系数越大越好。（　　　）

    A. 正确　　B. 错误

9. 桑塔纳轿车使用膜片式离合器，其膜片弹簧既起压紧弹簧作用又起分离杠杆作用。（　　　）

    A. 正确　　B. 错误

10. 如果离合器压紧弹簧的弹力越大，动力传递的冲击将很大，甚至造成接合时使发动机熄火。（　　　）

    A. 正确　　B. 错误

11. 离合器接合时压紧弹簧的变形量比分离时的变形量大。（　　　）

    A. 正确　　B. 错误

12. 离合器踏板自由行程过大会引起离合器打滑。（　　　）

    A. 正确　　B. 错误

四、手动变速器工作原理试题及解析

1. 同步器的作用是使接合套与它接合的齿圈两者之间的（　　　）相同。

    A. 转速　　　　　B. 转矩

    C. 转角　　　　　D. 相位

解析：同步器是使接合套与待啮合的齿圈转速迅速同步，缩短换档时间；防止在同步前因啮合而产生接合齿之间的冲击。

2. 桑塔纳轿车上所用的同步器是（　　　）。

    A. 惯性锁销式

    B. 惯性锁环式

    C. 常压式同步器

    D. 常流式同步器

解析：轿车和轻、中型货车的变速器广泛采用锁环式惯性同步器，其详细结构多种多样，但工作原理基本相同。

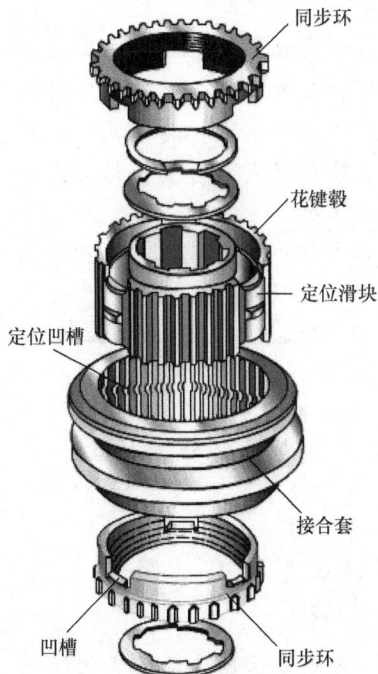

同步环

花键毂

定位滑块

定位凹槽

接合套

凹槽

同步环

3. 变速器常用的同步器有（   ）同步器。（多选题）

　　A. 惯性式　　B. 分级式
　　C. 常压式　　D. 摩擦式
　　E. 自行增力式

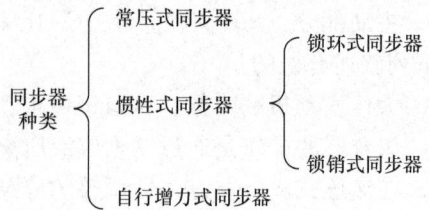

解析：分为常压式、惯性式和自增力式。

4. 变速器第二轴（输出轴）轴向间隙过大会产生（   ）。

　　A. 脱档　　B. 不能传递转矩
　　C. 乱档　　D. 传递转矩变小

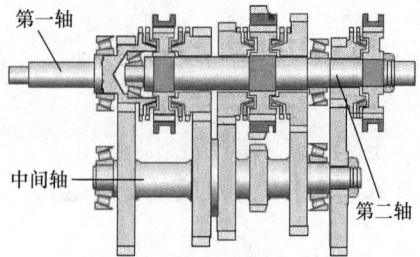

解析：第二轴转动时，因为轴向间隙过大，结合套与相应档位齿轮的结合齿圈啮合不好，结合套会跳回空档位置，即出现跳档现象。

5. 在副变速器中，多数是两档，少数是一档或三档。其传动结构型式有（   ）。（多选题）

　　A. 一般齿轮传动
　　B. 行星轮传动
　　C. 差速齿轮传动
　　D. 双中间轴式传动
　　E. 单中间轴式传动

解析：副变速器是附装在主变速器上，用于增加变速器档数，扩大传动比范围，多用重型汽车上。其结构型式可分为一般齿轮传动式，行星轮传动式和双中间轴式传动式。

6. 按传动比变化方式，汽车变速器可分为（   ）。（多选题）

　　A. 有级式　　B. 半自动操纵
　　C. 综合式　　D. 无级式
　　E. 自动操纵

7. 汽车变速器可分为（   ）。（多选题）

　　A. 有级式　　B. 两级式
　　C. 无级式　　D. 多级式
　　E. 综合式

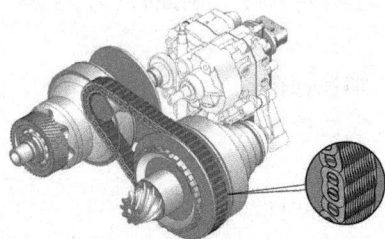

无级变速器

解析：变速器根据传动比变化情况可分为有级式、无级式和综合式三种。

8. 下列叙述有误的是（　　　）。

    A. 前置发动机前轮驱动的设计被广泛运用与轿车上

    B. 齿轮的传动比为：传动比 = 从动齿轮转速/主动齿轮转速

    C. 倒档锁止机构是为防止变速器在换档时意外地换入倒车档

    D. 每个双圆锥同步器有两个同步器环

解析： 齿轮的传动比为主动齿轮（即输入轴）转速与从动齿轮（即输出轴）转速之比。

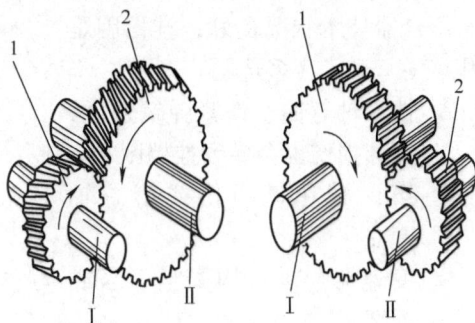

减速传动　　　增速传动

Ⅰ—输入轴　　　Ⅱ—输出轴

1—主动齿轮　　　2—从动齿轮

五、手动变速器故障分析试题及解析

1. 下列哪条不是引起变速器跳档的原因？（　　　）。

    A. 变速器操纵机构的自锁装置失灵

    B. 变速器操纵机构的互锁装置失灵

    C. 变速齿轮磨损过甚，沿齿长方向磨成锥形

    D. 换档拨叉弯曲过度磨损

解析： 自锁装置的作用是防止自动换档和自动脱档；互锁装置的作用是防止同时挂入两个档。

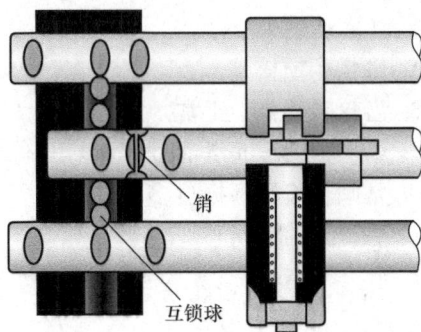

销

互锁球

2. 在离合器技术状况正常情况下，变速器同时挂上两个档，或挂需要档位却挂入了别的档位的原因是（　　　）。（多选题）

    A. 互锁装置失效

    B. 变速杆下端弧形工作面磨损过大

    C. 拨叉轴上导块的导槽磨损过大

    D. 变速杆球头定位销折断

    E. 球孔、球头磨损过于松旷

解析： 互锁装置失效容易挂入两个档，变速杆球头部分或下端配合松旷易导致挂入别的档位。

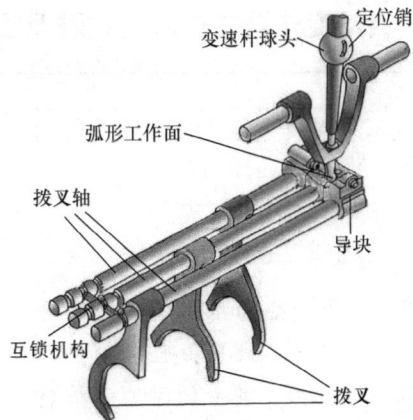

定位销

变速杆球头

弧形工作面

拨叉轴

导块

互锁机构

拨叉

3. 离合器技术状况良好，挂档困难的原因是（　　）。（多选题）

A. 拨叉轴弯曲、锁紧弹簧过硬，钢球损伤也会导致挂档困难

B. 第一轴花键损伤或第一轴弯曲

C. 变速器操纵机构调整不当或损坏

D. 齿轮油不足或过量、齿轮油不符合规格

E. 同步器损坏

解析：操纵机构移动受阻，同步器轴向移动受阻，变速器内部零件变形，损坏等都会导致挂档困难。

4. 变速器的异响一般由（　　）引起的噪声。（多选题）

A. 轴承磨损松旷

B. 齿轮间啮合不正常

C. 第一轴轴承润滑油过多

D. 常啮合齿轮磨损过多

E. 一、二轴不同心

解析：轴承磨损，齿轮磨损导致传动齿轮间隙大；一、二轴不同心会使传动齿轮啮合不正常，以上两点都会引起变速器异响。

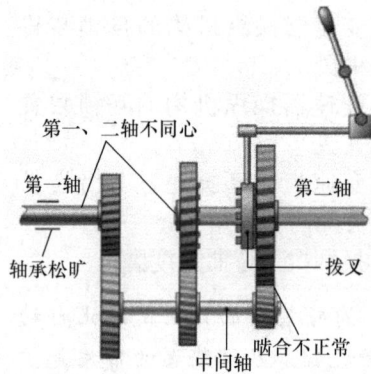

第一、二轴不同心
第一轴　　　　　第二轴
轴承松旷　　　　拨叉
中间轴　　啮合不正常

六、自动变速器工作原理试题及解析

1. 汽车采用液力传动装置后使传动效率（　　）。

A. 降低　　　B. 提高

C. 不变　　　D. 变化不大

解析：液力变矩器用油液作为传力介质时，即使在传递效果最佳时，也只能传递90%的动力，其余的动力都被转化为热量，散发到油液里。

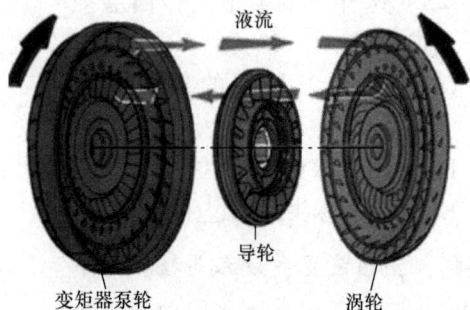

液流
变矩器泵轮　　导轮　　涡轮

2. 传统液力自动变速器由（　　）组成。（多选题）

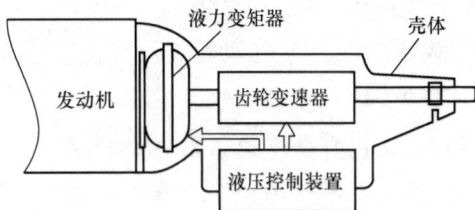

   A. 变矩器
   B. 液压自动换档控制系统
   C. 电控装置
   D. 行星轮变速器
   E. 冷却滤油装置

解析：传统液力自动变速器没有电控装置，采用液压控制。

3. 液力偶合器可以（　　）转矩。
   A. 增大　　B. 减小
   C. 传递　　D. 输出

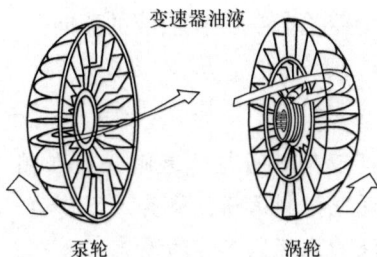

解析：曲轴带动液力偶合器的壳体和泵轮一同转动，液压油从泵轮流向涡轮，又从涡轮返回到泵轮而形成循环的液流，涡轮随之而转动，动力由泵轮经液压油传递给涡轮。

4. 液力变矩器能随汽车行驶（　　）不同而自动改变变矩系数的无级变速器。
   A. 速度　　B. 阻力
   C. 路面　　D. 坡度

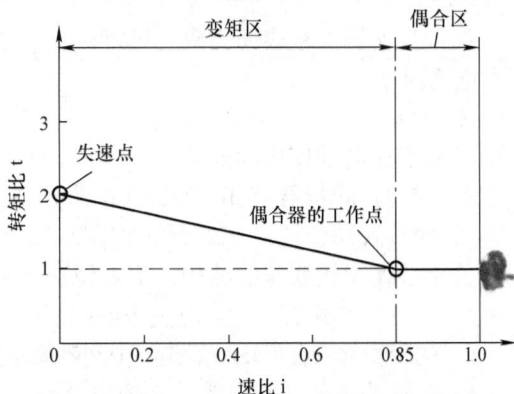

解析：液力变矩器的变矩比随涡轮转速的增大而减小，又随着涡轮转数的减小而增大。即随行驶阻力矩的增大而增大，在低速区域内能够根据行驶阻力自动无级地变矩。

5. 液力变矩器的主要功能是（　　）传动转矩。
   A. 增大　　　　B. 减小
   C. 有级改变　　D. 无级改变

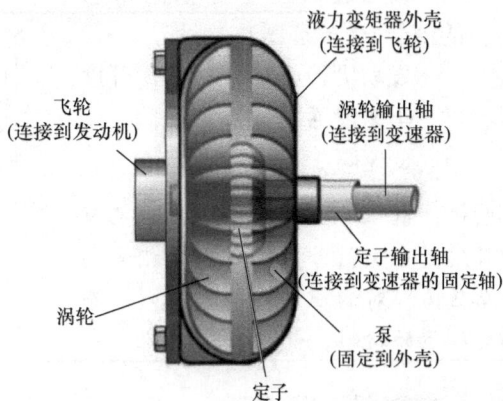

解析：根据工况的不同，液力变矩器可以在一定范围内实现转速和转矩的无级变化。

6. 单排行星轮机构是由（　　）构成的。（多选题）

A. 太阳轮　　　B. 行星轮

C. 齿圈　　　　D. 主动轮

E. 行星架

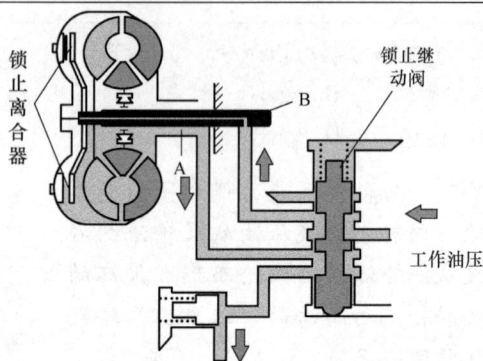

解析：传统自动变速器有多排行星轮机构组成，可以得到多个传动比。如左图所示，单排行星轮机构由太阳轮，行星轮、齿圈、行星架构成。

7. 锁止继动阀是用来控制进入（　　）锁止离合器的工作油液的流向。

A. 前进档　　　B. 液力变矩器

C. 直接档　　　D. 超速档

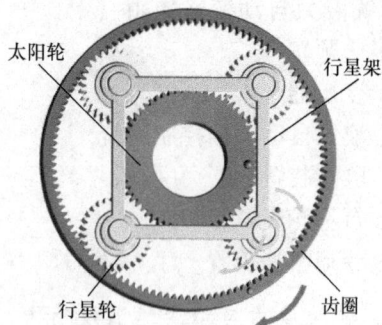

解析：节气门阀与转速阀分别在锁止继动阀两端控制油压，使其上下移动，从而控制液力变矩器工作油液流向。

8. 自动变速器换档是根据来自（　　）的信号。（多选题）

A. 发动机转速　　B. 节气门开度

C. 车速传感器　　D. 电磁阀

E. 变速阀

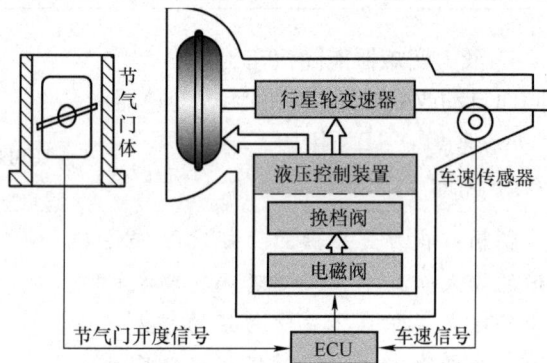

解析：最佳换档时刻是 ECU 根据节气门开度，车速信号等计算得到相应的主油路压力，对油压电磁阀控制，从而实现对档位的控制。

七、变速器拓展练习

1. 如果变速器齿轮表面渗碳层硬度过低，表面金属疲劳，齿面在承受大压力的情况下，易使齿轮表面（　　）。

A. 脱层　　　　　B. 咬伤　　　　　C. 断裂　　　　　D. 弯曲

2. 机械变速器常使用的同步器有（　　）。

A. 惯性式同步器　　B. 弹簧式同步器　　C. 自增力式同步器

D. 膜片式同步器　　E. 常压式同步器

3. 关于普通齿轮变速器结构，下列说法正确的是（　　）。（多选题）

A. 第一轴与第二轴是固定连接的　　　　　B. 倒档是依靠两对齿轮传动副完成

C. 中间轴常啮合齿轮一般是与中间轴固定连接的　　D. 第二轴连接离合器从动轴

E. 变速器一般具有自锁、互锁以及倒档锁三种装置

4. 关于同步器，下列说法错误的是（　　）。（多选题）

A. 普通同步器可分成锁环式和锁销式

B. 重型汽车需传递较大转矩，多采用锁环式同步器

C. 只有当啮合套和对应轮两者的花键齿圈圆周速度一致时，啮合套才可以接合

D. 啮合套的接合过程是渐进的，逐次接合锁环以及主动轴上齿轮

E. 当转速相同的两齿轮旋向不相同时，同步器可以将两齿轮接合

5. 变速器常见的故障有（　　）。（多选题）

A. 漏油　B. 异响　C. 跳档　D. 乱档　　　　E. 发热

6. 汽车在行驶中，变速器发生跳档的原因是（　　）。（多选题）

A. 变速杆互锁销不起作用　　B. 齿轮或齿套磨损过甚，沿齿长方向磨成锥形

C. 变速杆自锁销的弹簧过硬　D. 换档叉弯曲及过度磨损，使用时齿轮不能正常啮合

E. 变速叉轴，轴套严重磨损松矿

7. 液力偶合器在传动系统中能（　　）转矩。

A. 改变　B. 增加　C. 减小　D. 传递

8. 下列关于液力变矩器的说法，不正确的一项是（　　）。

A. 可增大转矩，提高传动比　　　　B. 提高车辆的加速性能

C. 降低变速时对传动系统的冲击　D. 降低变速时对发动机曲轴的扭振作用

9. 虽然汽车变速器的结构形式和档位数不同，但其工作原理都是为了改变发动机的转矩，适应汽车的动力性和经济性的要求。（　　）

A. 正确　B. 错误

10. 汽车在各档位所具有的输出转矩不同，档位越高，输出转矩越大。（　　）

A. 正确　B. 错误

11. 变速器惯性同步器的工作是使接合零件在最短时间内达到转速同步状态。（　　）

A. 正确　B. 错误

12. 分动器的操纵结构必须保证：非先接上前桥，不得挂入抵档；非先退出低速档，不得摘下前桥。（　　）

A. 正确　B. 错误

13. 汽车变速杆不能挂入所需要的档位或挂入档后不能退回空档，这种现象称为跳档。（　　）

A. 正确　B. 错误

八、万向传动装置与驱动桥工作原理试题及解析

1. 等速万向节的基本原理是从结构上保证方向节在工作过程中，其传力点永远位于（　　）上。

A. 两轴交点上

B. 两轴交点的平分面上

C. 两轴交点的平分线上

D. 两轴交点的 1/2 处

解析：等速万向节的基本原理是从结构上保证方向节在工作过程中，其传力点永远位于两轴的平分面上，可使万向节旋转的角度也相等。

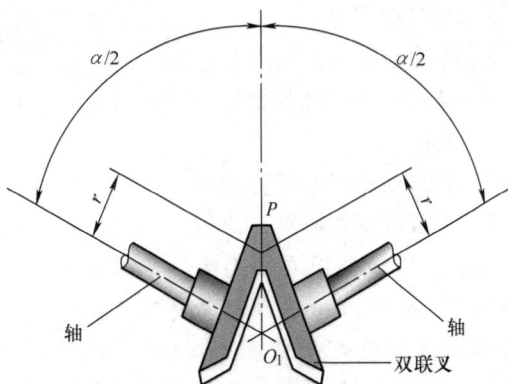

双联式万向节工作原理图

2. 汽车的不等速传动指的是(　　)。

A. 中间传动轴与主传动轴转速
不相等

B. 中间传动轴与主传动轴角速
度不相等

C. 汽车的前进速度是变化的

D. 汽车的半轴速度不相等

解析："传动的不等速性"是指从动轴旋转过程中角速度不均匀，即变速器输出轴是匀速旋转的，但经过万向节传递到传动轴上，就变成忽快忽慢的不匀速旋转，每转动一周就有两快两慢的变化。

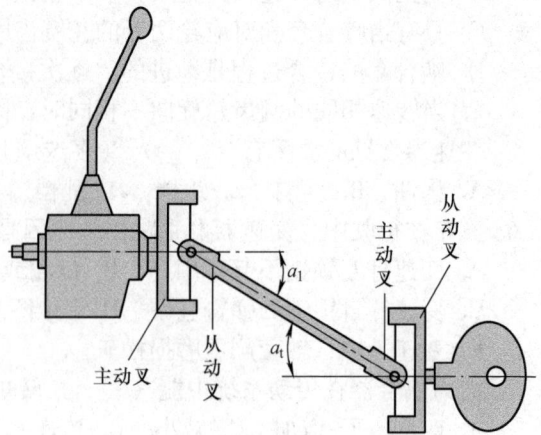

3. 为便于加注润滑脂，十字轴的安装方向是 (　　)。

A. 油嘴朝向传动轴管

B. 油嘴朝向汽车前进方向

C. 油嘴必须朝向汽车后方

D. 油嘴朝向地面

解析：将十字轴装入万向节叉时，应注意让十字轴上装有润滑脂嘴的一面朝向传动轴管，以便维护时加注润滑脂。

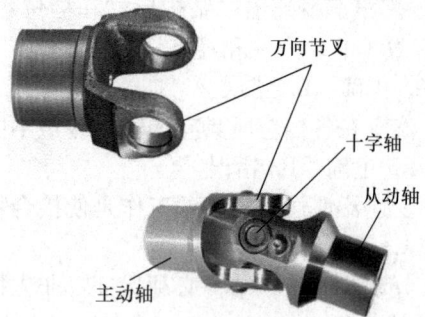

4. 汽车行驶时，传动轴发出一种有周期的响声，且行驶速度越快，响声越大，其主要原因可能 (　　)。（多选题）

A. 传动轴弯曲

B. 传动轴与水平面角度过大

C. 传动轴的凸缘和轴管焊接时位置歪斜

D. 中间轴承支架位置偏斜

E. 万向节安装不当

解析：传动轴周期性异响，是因为传动轴所连接的万向节传动角度不在合理范围。具体原因包括：传动轴弯曲、传动轴凸缘歪斜、中间支撑偏斜、万向节安装不当等。

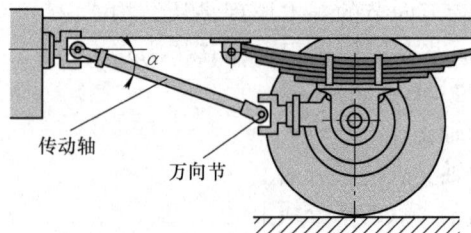

5. 越野汽车的前桥为（　　）。

A. 转向桥　　　B. 驱动桥

C. 转向驱动桥　D. 支承桥

悬架摆臂

横向稳定杆

解析：越野车多为4轮驱动，所以前轮像普通前驱轿车一样也是驱动轮（有半轴），因此前桥为转向驱动桥。

6. 驱动桥主要由（　　）组成。（多选题）

A. 主减速器　B. 差速器

C. 变速器　　D. 半轴

E. 桥壳

半轴　差速器　主减速器

桥壳

7. 单级主减速器的装配调整方法是（　　）

A. 先进行主从动锥齿轮啮合调整，后进行差速器的装配调整

B. 先进行差速器的装配调整，后进行主从动锥齿轮啮合调整

C. 两种方法均可

D. 两种方法均错

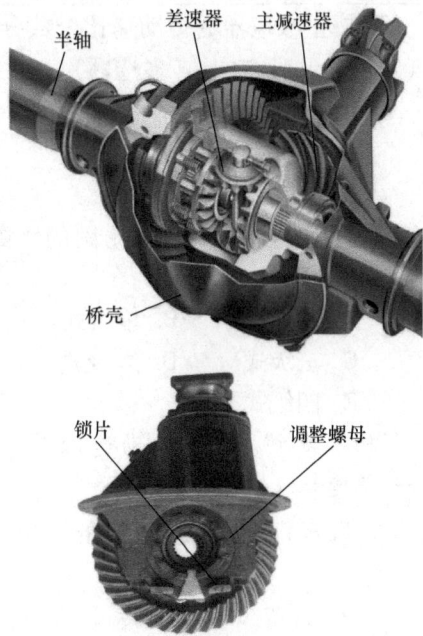

锁片　　　　调整螺母

解析：先用调整螺母调整差速器的预紧度，再调整主从锥齿轮啮合印痕，调整后者时，一边调整螺母旋紧多少度，另一边调整螺母则旋松相应角度，不会改变差速器的预紧度。

8. 主减速器的主、从动齿轮啮合的调整是用印迹法，检测从动齿轮齿面印迹位于中间偏小端，并占齿面宽度的（　　）以上。

A. 30%　　　B. 40%

C. 50%　　　D. 60%

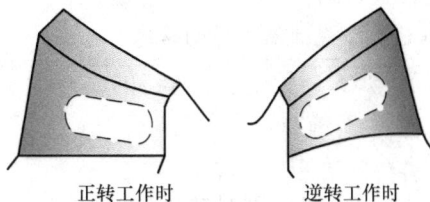

正转工作时　　　　逆转工作时

从动锥齿轮正确的啮合印迹位置

啮合间隙的调整：

主动齿轮：调整垫片调整；

从动齿轮：通过调整螺母或调整垫片调整。

解析：在主动锥形齿轮上涂红颜料，然后是使主动锥齿轮往复运转，出现在主、从动锥齿轮工作面的印痕应位于中间，并偏于小端，占齿面宽度的60%以上。

9. 主减速器主动锥齿轮装配时，轴承若没有一定预紧度，则工作时会出现（ ）。

    A. 前轴承间隙变大，后轴承间隙变小

    B. 前轴承间隙变小，后轴承间隙变大

    C. 前后轴承间隙均会变小

    D. 前后轴承间隙均会变大

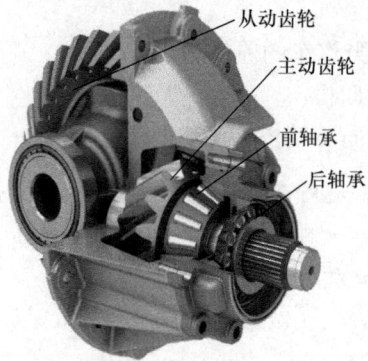

从动齿轮
主动齿轮
前轴承
后轴承

解析：从动齿轮将主动齿轮往内拉，所以前轴承间隙变大，后轴承间隙变小。

10. 按主减速器的传动速比个数分，有（ ）几种方式。（多选题）

    A. 单级　　　　B. 圆锥齿

    C. 双曲线　　　D. 双级

    E. 螺旋伞齿

11. 主减速器按减速齿轮副的级数可分为（ ）。（多选题）

    A. 多级式　　　B. 单级式

    C. 三级式　　　D. 双级式

    E. 四级式

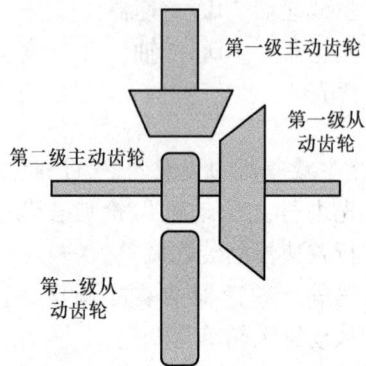

第一级主动齿轮
第一级从动齿轮
第二级主动齿轮
第二级从动齿轮

解析：按主减速器传动速比个数，可分为单速和双速式主减速器。

12. 汽车直行时，差速器的行星轮（ ）。

    A. 自转　　　B. 公转

    C. 不转　　　D. 共转

解析：直线行驶时，左侧车轮转速（即左侧半轴齿轮转速）＝右侧车轮转速（右半轴齿轮转速）＝差速器壳体的转速。

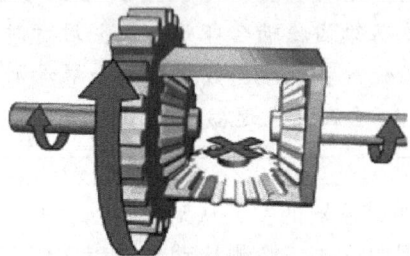

直线行驶时差速器状态

13. 汽车转弯时，行星轮差速器的行星轮（ ）。（多选题）

    A. 公转　　　　B. 共转

    C. 自转　　　　D. 同时转

    E. 后转

解析：如右图，汽车向左转弯时，左轮转向角度大，左边轮子阻力大，动力从差速器壳传给行星轮，行星轮转动（自转），使右半轴齿轮转速高于左半轴齿轮。

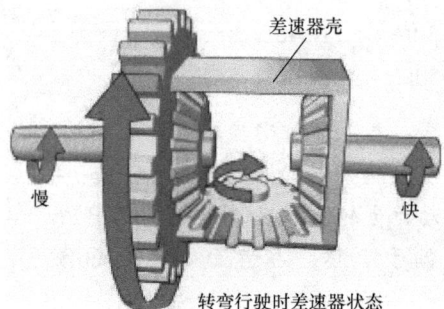

差速器壳
慢
快
转弯行驶时差速器状态

14. 为防止汽车一侧驱动轮打滑，可采用（　　）。

　　A. 增大驱动力

　　B. 增加车速

　　C. 减小车速

　　D. 锁住差速器

解析：防滑差速器是增加内摩擦力矩使转得慢的驱动轮（驱动桥）获得的转矩大，转得快的驱动轮（驱动桥）获得的转矩小，提高了汽车通过坏路面的能力。

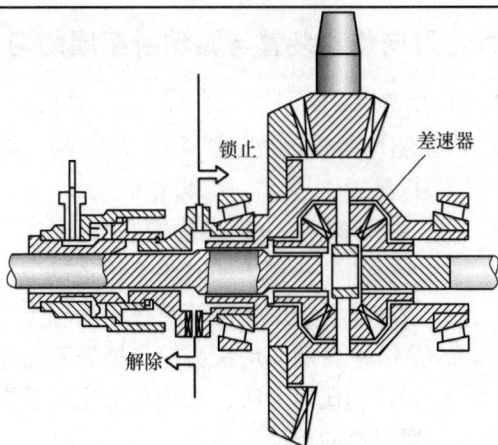

15. 当汽车左右驱动轮存在转速差时，差速器分配给转速较慢的车轮（　　）转矩。

　　A. 较小　　　　B. 较大

　　C. 相等　　　　D. 零

解析：无论差速器是否起差速作用，行星锥齿轮差速器都具有转矩等量分配的特性。左、右轮存在转速差时，转动慢的一侧转矩增加。

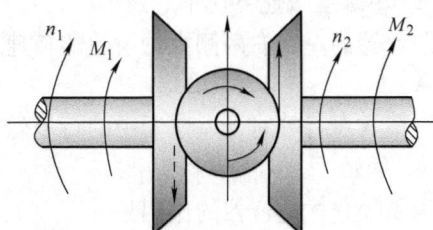

n_1—左半轴转速　n_2—右半轴转速
M_1—左半轴转矩　M_2—右半轴转矩

16. 全浮式支撑结构半轴，根据其结构特点它主要承受（　　）。

　　A. 地面反力和力矩

　　B. 地面反力、力矩和半轴齿轮传来的转矩

　　C. 半轴齿轮传来的转矩

　　D. 汽车侧向力

解析：这种支承型式的半轴只承受差速器输出的转矩，两端均不承受任何外力与弯矩。

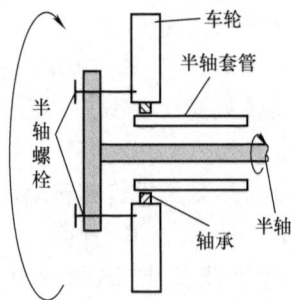

全浮式半轴示意图

17. 半轴支承方式有（　　）。（多选题）

　　A. 全浮式　　　B. 两支点

　　C. 三支点　　　D. 半浮式

　　E. 悬壁式

18. 半浮式半轴只承受转矩。（　　）（判断题）

解析：半浮式半轴外端轴颈直接支承在桥壳内轴承上，其内端不受弯矩，外端承受全部弯矩。

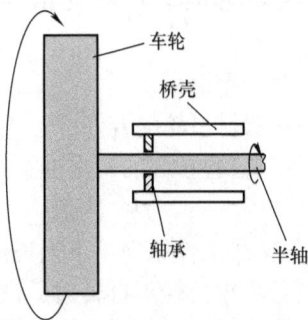

半浮式半轴示意图

九、万向传动装置与驱动桥拓展练习

（一）选择题

1. 汽车驱动桥轮边减速器采用（　　）减速器。
   A. 行星轮　　　　　B. 齿轮　　　　　C. 蜗轮蜗杆　　　　　D. 锥齿轮

2. 关于主减速器，下列说法错误的是（　　）。（多选题）
   A. 主减速器作用之一是将力矩传动方向改变90°
   B. 主减速器主动锥齿轮套在传动轴上
   C. 主减速器的从动锥齿轮与桥壳不相连接
   D. 当传动比过大时，采用单级主减速器传动会造成从动锥齿轮直径过大，影响汽车通过性的传动
   E. 单级主减速器比不超过10

3. 差速器的左、右两侧半轴齿轮的转速之和等于差速器壳体转速的（　　）倍。
   A. 1　　　　　　　B. 2　　　　　　　C. 3　　　　　　　D. 4

4. 汽车转弯行驶时，差速器中的行星轮（　　）。
   A. 回转　　　　　B. 不转　　　　　C. 公转　　　　　D. 有公转又有自转

5. 强制锁止式差速器的作用是（　　）。
   A. 差速变大　　　B. 差速变小　　　C. 限制差速　　　D. 增大驱动力

6. 汽车差速器在下列哪种情况下不起差速作用？（　　）。
   A. 一侧驱动力大　B. 两侧驱动轮阻力不等
   C. 曲线行驶　　　D. 直线行驶

7. 全浮式半轴只传递（　　）。
   A. 动力　　　　　B. 功率　　　　　C. 弯矩　　　　　D. 转矩

8. 全浮式半轴只受（　　）而不受任何其他力。
   A. 弯曲　　　　　B. 转矩　　　　　C. 支反力　　　　D. 剪刀

9. 汽车驱动桥半轴不仅传递转矩，还可起到（　　）作用。
   A. 缓冲　　　　　B. 保险　　　　　C. 安全　　　　　D. 保险杠

10. 驱动桥半轴按支撑方式可分为（　　）型式。（多选题）
    A. 两点支承　　　B. 半浮　　　　　C. 一点支承　　　D. 全浮
    E. 三点支承

11. 汽车在转弯时，后桥发出异响，直线行驶时异响又消失，可能的原因是后桥(　　)。
    A. 轴承严重磨损　　　　　　　B. 主、从动齿轮配合间隙过大
    C. 差速器行星轮啮合间隙过大　D. 从动齿轮铆钉松动

12. 利用仪具检验桥壳的弯曲变形是以桥壳（　　）装套管承孔作定位基准。
    A. 两端　　　　　B. 内侧　　　　　C. 中间　　　　　D. 轴承座

13. 关于差速器工作原理，下列说法正确的是（　　）。（多选题）
    A. 当行星轮公转不自转时，汽车处于直线行驶时，没有转速差
    B. 当行星轮自传但不公转，则左、右两侧车轮转速相同，但旋向相反
    C. 当行星轮即自传又公转时，则左、右两侧车轮存在转速差，汽车在转弯行驶

    D. 左、右两半轴以行星轮固定连接在一起

    E. 普通行星轮差速器在行星轮没有自转时，总是将转矩平均分配给左、右两半轴齿轮

（二）判断题

1. 传动轴伸缩叉部分的装配记号是为了保证传动轴的平衡以及传动轴和万向节能实现等角速传动。（　　）

2. 等速万向节保证在工作过程中，其传力点永远位于两轴交点的平分面上。（　　）

3. 汽车行驶中传动轴发出周期性响声。将后轮架起，挂高档察看传动轴摆振情况，特别是在转速下降时摆振大，就说明是因为传动轴不平衡造成的响声。（　　）

4. 对称式锥齿轮差速器的作用是任何状态下把转矩不均匀分配给左、右半轴齿轮。（　　）

5. EQ1090 型汽车主减速器从动齿轮的齿形属螺旋锥齿轮。（　　）

6. 轮间差速器的作用主要是使汽车两边车轮转速相同。（　　）

7. 行星轮差速器在汽车直线行驶时，自由公转而无自转。（　　）

8. 汽车差速器的两半轴齿轮的转速之和等于差速器的转速。（　　）

9. 全浮式半轴只传递转矩。（　　）

参考答案

一、离合器工作原理试题及解析

1. A　2. D　3. D　4. ABCDE　5. C　6. A　7. A　8. A

二、离合器故障分析试题及解析

1. A　2. D　3. B　4. D　5. ACE

三、离合器拓展练习

1. A　2. D　3. B　4. B　5. ABCE　6. ABCD　7. A　8. B　9. A　10. A　11. B　12. B

四、手动变速器工作原理试题及解析

1. A　2. B　3. ACE　4. A　5. ABD　6. ACD　7. ACE　8. B

五、手动变速器故障分析试题及解析

1. B　2. ABCDE　3. ABCDE　4. ABDE

六、自动变速器工作原理试题及解析

1. A　2. ABDE　3. C　4. B　5. D　6. ABCE　7. B　8. BC

七、变速器拓展练习

1. A　2. A　3. CE　4. BE　5. ABCDE　6. BDE　7. D　8. B　9. A　10. B　11. A　12. A　13. B

八、万向传动装置与驱动桥工作原理试题及解析

1. B 2. B 3. A 4. ACDE 5. C 6. ABDE 7. B 8. D 9. A 10. AD 11. BD 12. B 13. AC 14. D 15. B 16. C 17. AD 18. ×

九、万向传动装置与驱动桥拓展练习

（一）选择题：1. A 2. BC 3. B 4. D 5. C 6. D 7. D 8. B 9. A 10. BD 11. C 12. A 13. ABCE

（二）判断题：1. √ 2. √ 3. × 4. × 5. √ 6. × 7. √ 8. × 9. √

第二节 行 驶 系 统

一、行驶系统工作原理试题及解析

1. 汽车不加外力就自动驶离直线行驶方向叫做方向（　　）。

　　A. 跑偏　　　　B. 摆动

　　C. 曲驶　　　　D. 蛇行

解析：跑偏是指车辆在径直道路上行驶，转向盘在不受任何外力作用的情况下，车辆行驶方向发生偏移。

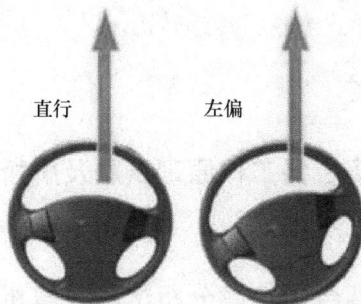
直行　　左偏

2. 车桥平衡杆的作用是防止（　　）。

　　A. 车辆的上下跳动

　　B. 车辆的倾斜

　　C. 车轮打滑

　　D. 前进时后仰

解析：提高车身刚性结构，改善车辆在弯道行驶中的稳定性和平衡性，以防止车辆的过度倾斜。

平衡杆

3. 用前轮驱动结构的汽车在上坡时，其前轮附着力将（　　）。

　　A. 增大　　B. 减小

　　C. 不变　　D. 时而大时而小

解析：上坡时，整车重心后移，前轮所受下压力减少，与地面摩擦力相应减小，附着力也随之减小。

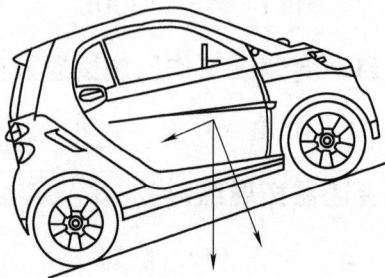

4. 主销内倾角是保证汽车（　　）行驶的稳定性，以及转向轻便性。

　　A. 转弯　　B. 直线
　　C. 曲线　　D. 环行

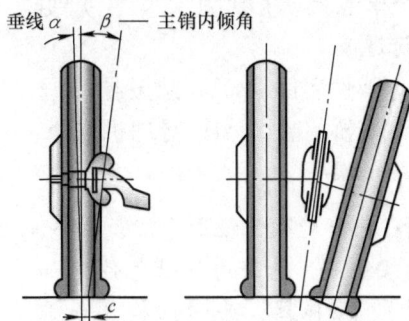
垂线 α　β —— 主销内倾角

解析：主销内倾使车轮转向后能自动回正，保证直线行驶稳定性，且转向操纵轻便。一般内倾角 β 在 5°～8° 之间。

5. 一般，汽车转向轮定位参数中只有（　　）可以调整。

　　A. 主销内倾　　B. 主销后倾
　　C. 前轮前束　　D. 车轮外倾

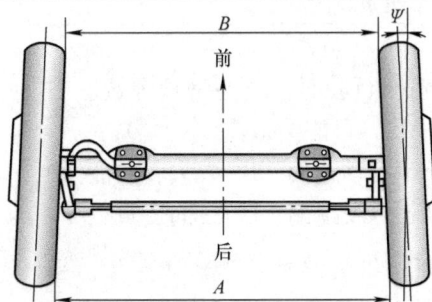

解析：车轮前束可通过改变横拉杆的长度来调整。

6. 前轮定位包括（　　）。（多选题）

　　A. 主销外倾　　B. 主销内倾
　　C. 主销后倾　　D. 前轮外倾
　　E. 前轮前束

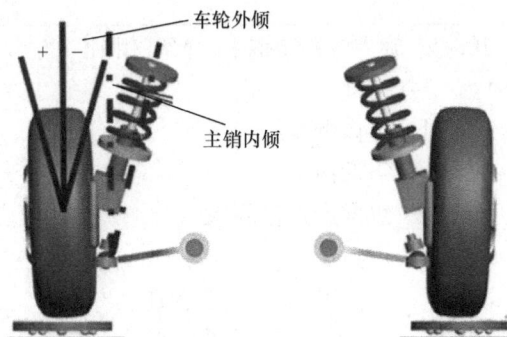
车轮外倾
主销内倾

解析：前轮定位，调整参数主要是悬架的四个角度：车轮外倾角、主销后倾角、前轮前束值和主销内倾角。做四轮定位就是改变轮胎与地面的这些夹角，确保车辆的正常操控，提高轮胎的性能。

7. 汽车上采用非独立悬架的特点是（　　）。（多选题）

　　A. 非簧载质量小　　B. 结构复杂
　　C. 平顺性差　　D. 通过性好

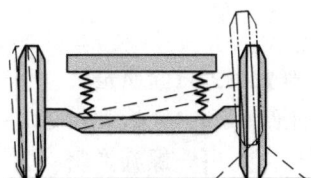
非独立悬架

解析：非独立悬架的两侧车轮安装在一根整体式车桥上，车轮和车桥一起通过弹性悬架悬挂在车架（或车身）下面，当一侧车轮发生位置变化后会导致另一侧车轮的位置也发生变化。所以，非独立悬架结构简单、通过性好，但平顺性差。

8. 汽车悬架一般是由（　　　）组成。（多选题）

  A. 弹性元件　　B. 减振器

  C. 车桥　　　　D. 导向机构

  E. 车架

解析：汽车行驶系统由车架、车桥、车轮和悬架组成。悬架由弹性元件（如螺旋弹簧）、减振器、导向机构（如平衡杆）等组成。

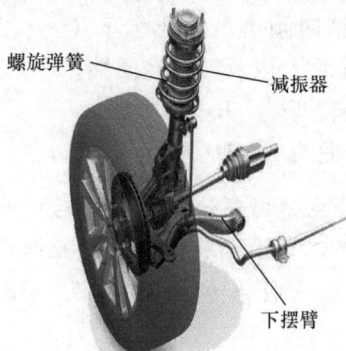

9. 汽车行驶时，若前钢板弹簧左右弹力不一致，可能会造成（　　　）。

  A. 制动跑偏　B. 失去转向能力

  C. 行驶跑偏　D. 转向沉重

解析：钢板弹簧式非独立悬架，当钢板弹簧左右弹力不一致时，整车重心偏移而导致车身倾斜。

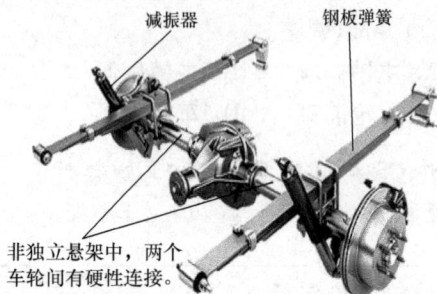

10. 螺旋弹簧与钢板弹簧相比（　　　）。

  Ⅰ. 无内部摩擦

  Ⅱ. 需润滑

  Ⅲ. 纵向所占空间大

  Ⅳ. 质量小

  A. Ⅰ、Ⅱ　　　B. Ⅰ、Ⅲ

  C. Ⅰ、Ⅳ　　　D. Ⅱ、Ⅳ

解析：螺旋弹簧体积比较小，单独一个弹簧，有利于对比较紧凑的发动机舱布局。

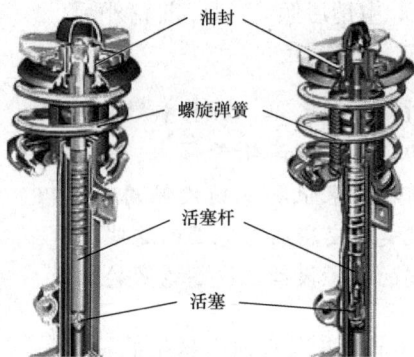

11. 油气弹簧的弹性介质是（　　　）。

  A. 油液　　B. 钢板弹簧

  C. 气体　　D. 螺旋弹簧

解析：油气弹簧以气体氮作为弹性介质，用油液作为传力介质。

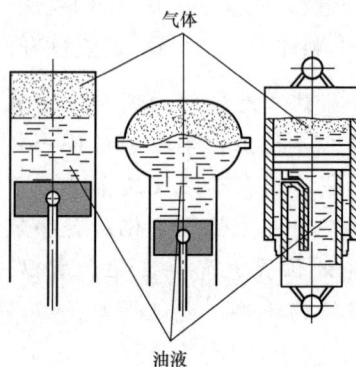

12. 双向作用筒式减振器上装有
（　　）。（多选题）

    A. 伸张阀　　B. 缩短阀

    C. 补偿阀　　D. 流通阀

    E. 压缩阀

解析：减振器受拉伸，流通阀关闭，上腔内的油液推开伸张阀流入下腔，补偿阀随之打开；减振器收缩，下腔内的油液推开流通阀流入上腔，压力增大，压缩阀打开。

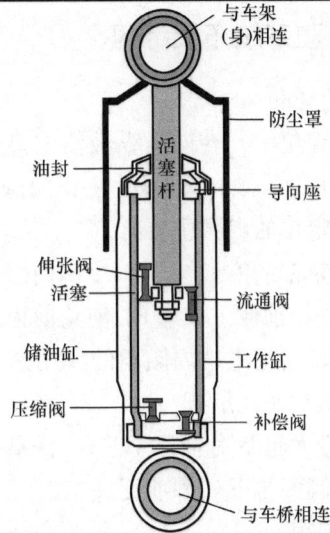

13. 在装配钢板弹簧总成时，下列哪些说法正确？（　　）（多选题）

    A. 将各钢板弹簧片清洗干净，各片间接触表面涂润滑油

    B. 钢板弹簧卡子内侧与钢板弹簧两侧的间隙应为 1～3mm

    C. 已装配好并压紧的钢板弹簧，两相邻片在总接触长度 1/4 内的间隙一般应小于 1.2mm

    D. 左右钢板弹簧片数应相等，总厚度差应小于 5mm

    E. 装到车上时，应将长的一端朝向固定吊耳

解析：钢板弹簧各片间接触表面不能涂抹润滑油脂，以免粘上泥沙，加剧磨损。安装钢板弹簧时，应将短的一端朝向固定吊耳。

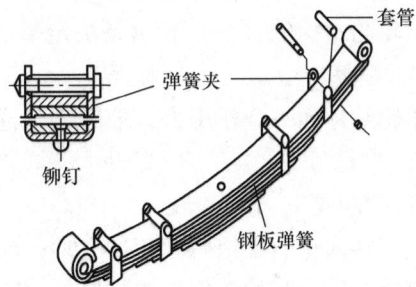

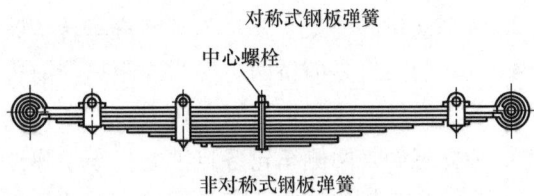

对称式钢板弹簧

非对称式钢板弹簧

14. 充气轮胎按胎体中帘线排列方向不同，可分为（　　）胎。（多选题）

    A. 子午线　　B. 十字斜交

    C. 45°交角　　D. 普通斜交

    E. 带束斜交

解析：胎体帘线，通俗的说法就是轮胎的骨架。它主要能形成包容轮胎内部的气腔，承受轮胎的载荷。充气轮胎按胎体中帘线排列方向不同，可分为子午线轮胎、普通斜交轮胎和带束斜交轮胎。

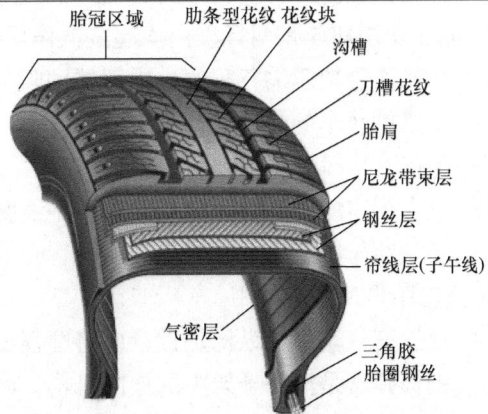

二、行驶系统拓展练习

（一）选择题

1. 前轮定位中，转向操纵轻便主要是靠（　　　）。

　　A. 主销后倾　　　　B. 主销内倾　　　　C. 前轮外倾　　　　D. 前轮前束

2. 前轮定位的参数主要有（　　　）。（多选题）

　　A. 前轮后束　　　　B. 主销内倾　　　　C. 主销后倾

　　D. 主销前倾　　　　E. 前轮前束

3. 汽车转向轮主销内倾角的作用是（　　　）。

　　A. 减少车轮磨损　　　　B. 转向操纵轻便

　　C. 增大轮胎附着力　　　　D. 满载时，减少车轮内倾

4. 轮胎偏磨与下列哪项无关？（　　　）

　　A. 前束　　　　B. 外倾角　　　　C. 内倾角　　　　D. 轮胎平衡

5. 双向作用筒式减振器有（　　　）行程。（多选题）

　　A. 减压　　　　B. 压缩　　　　C. 膨胀　　　　D. 伸张　　　　E. 加压

6. 车轮与地面的（　　　）力是决定牵引力大小的重要因素。

　　A. 摩擦　　　　B. 附着　　　　C. 压力　　　　D. 正压力

7. 车轮给地面一个作用力，地面给车轮一个反作用力，此力称为（　　　）。

　　A. 摩擦　　　　B. 驱动　　　　C. 反力　　　　D. 牵引

（二）判断题

1. 汽车转向轮的主销后倾角过小时，汽车行驶不稳，过大则转向沉重。（　　　）

2. 前轮主销内倾的作用是使前轮自动回正。（　　　）

3. 汽车前桥的前束主要是为了使汽车转弯灵活。（　　　）

4. 汽车前束就是前桥两轮后边缘距离与前边缘距离之差。（　　　）

5. 若汽车转向轮主销后倾角过大，汽车行驶不稳，过小则转向沉重。（　　　）

6. 独立悬架是两侧车轮各自独立与车架弹性连接。（　　　）

7. 非独立悬架的结构特点是两侧车轮由整体式车桥相连，车轮连同车桥一起通过弹性悬架挂在车架下面。（　　　）

8. 空气弹簧和油气弹簧都可被用于汽车悬架中作气体弹簧。（　　　）

9. 能在压缩和伸张两行程内均起减振作用的减振器称为双向减振器。（　　　）

10. 在汽车悬架压缩行程内，减振器的阻力应较大，以求迅速减振。（　　　）

11. 桑塔纳轿车的轮胎规格为 185/70 R13－86T，表示轮胎名义断面宽度为 185mm 的普通轮胎。（　　　）

12. 帘布层帘线排列的方向与轮胎子午线断面一致的轮胎叫子午线轮胎。（　　　）

13. 子午线轮胎虽比斜交线轮胎有较大的滚动阻力，但它抗磨能力强，耐冲击性能好，故子午线轮胎得到广泛使用。（　　　）

14. 为提高汽车的操纵稳定性，应将磨损相对较大轮胎装在后轮。（　　　）

15. 钢板弹簧是汽车悬架中的导向机构。（　　　）

16. 对于已变形的钢板弹簧，不能单纯地在冷态下进行整形修复，因为这种方法只能保证几何尺寸。（   ）

参考答案

一、行驶统系统工作原理试题及解析

1. A 2. B 3. B 4. B 5. C 6. BCDE 7. CD 8. ABD 9. C 10. C 11. C
12. ACDE 13. BCD 14. ADE

二、行驶系统拓展练习

（一）选择题：1. B 2. BCE 3. B 4. C 5. BD 6. B 7. D
（二）判断题：1. √ 2. √ 3. × 4. × 5. × 6. √ 7. √ 8. √ 9. √
10. × 11. × 12. √ 13. × 14. √ 15. × 16. √

第三节　转向系统

一、转向系统工作原理试题及解析

1. 在汽车上设置有改变和恢复汽车行驶方向的机构，称为汽车（   ）。

　　A. 方向盘　　B. 转向梯形
　　C. 转向系统　D. 转向轮

解析：转向系统是根据需要保持车辆稳定地沿直线行驶或能按要求灵活地改变行驶方向。

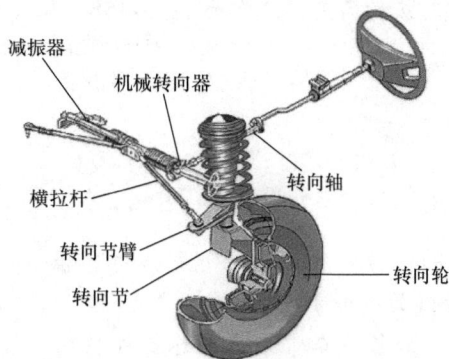

2. 转向梯形的作用是使汽车（   ）。

　　A. 转向　　　　B. 车轮滑动
　　C. 车轮转动　　D. 车轮滚动

解析：左、右转向梯形臂和转向横拉杆构成转向梯形，其作用是在汽车转向时，使左、右转向轮按一定的规律进行偏转，避免车轮滑动，实现车轮纯滚动。

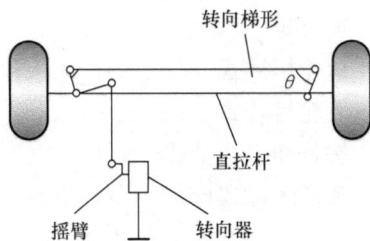

3. 在汽车循环式转向器的转向螺杆和转向螺母之间装有循环钢球的作用是（ ）。

    A. 减少磨损

    B. 增大传动比

    C. 减少传动比

    D. 减小传动副间隙

解析：转向螺杆和转向螺母之间装有循环钢球以实现滚动摩擦，减少磨损。

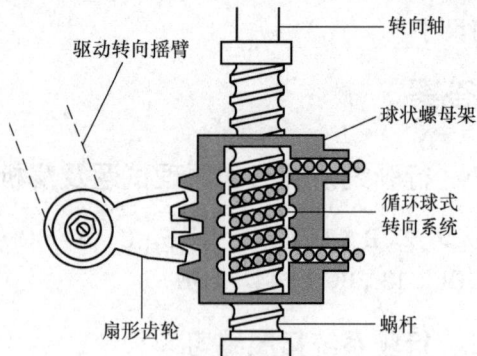

4. 转向盘自由行程一般不超过（ ）。

    A. $10° \sim 15°$ B. $15° \sim 25°$

    C. $25° \sim 30°$ D. $30° \sim 35°$

解析：在整个转向系统中，各传动件之间都必然存在着装配间隙，而且这些间隙将随着零件的磨损而增大。转向盘空转阶段叫转向盘自由行程，可以测量自由行程和转向盘直径，计算出自由行程所对应的角度，通常为 $10° \sim 15°$。

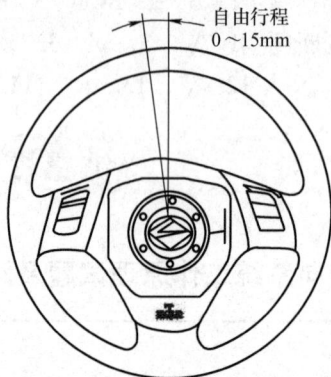

5. 一般，中型载货汽车转向器的传动比为（ ）。

    A. $i = 14 \sim 20$ B. $i = 20 \sim 24$

    C. $i = 24 \sim 28$ D. $i = 28 \sim 42$

解析：转向器传动比 i 是转向器输入与输出的转速比，轿车通常是 $14 \sim 20$，中型载货汽车常采用循环球式转向器，其传动比为 $20 \sim 24$。

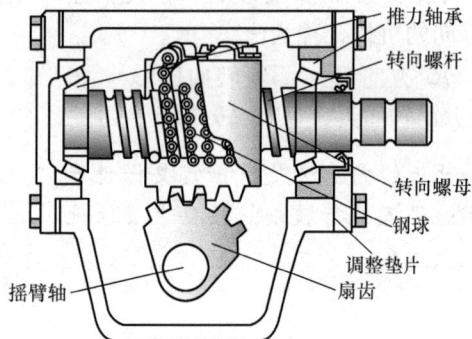

6. 目前国内外常用的转向器有（ ）。（多选题）

    A. 循环球式

    B. 蜗轮蜗杆式

    C. 齿轮齿条式

    D. 蜗杆曲柄指销式

    E. 梯形螺杆螺母式

解析：转向器中，齿轮齿条式常用于轿车，循环球式、蜗轮蜗杆式、蜗杆曲柄指销式常用于载货汽车和客车。

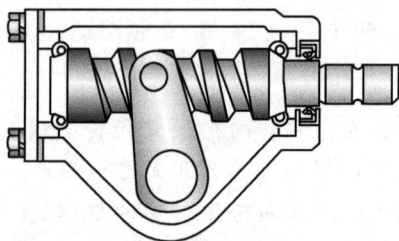

蜗杆曲柄指销式转向器

7. 汽车常用的液压转向助力装置有（ ）液压助力装置。（多选题）

 A. 闭式　　　　B. 侍服式
 C. 常压式　　　D. 常流式
 E. 开式

解析：汽车转向助力装置按动力能源可分为液压助力式和气压助力式；而液压助力式转向系可分为常压式、常流式两种。

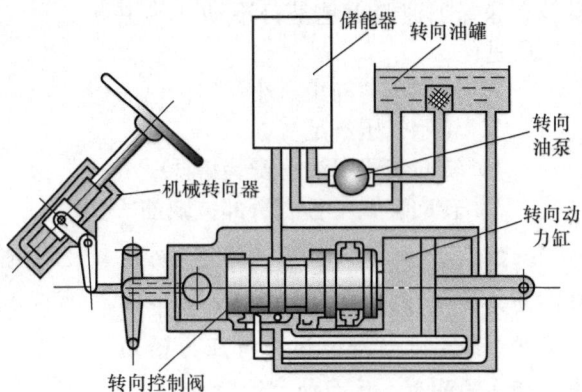
储能器　转向油罐　转向油泵　转向动力缸　机械转向器　转向控制阀

二、转向系统故障分析试题及解析

1. 汽车转弯，特别是急转弯时，转动转向盘感到沉重费力，其主要原因是（ ）。

 A. 转向车轮前束过小
 B. 转向装置中各润滑部位缺油
 C. 转向螺杆上下轴承间隙过大
 D. 转向车轮外倾角过小

解析：转向盘沉重有多种原因，轮胎气压不足、转向轮本身定位不准、转向器缺油或无油。

转向横拉杆球头
（缺油致转向沉重）

2. 当检查动力转向液量时应（ ）。

 A. 关掉发动机
 B. 使发动机运转
 C. 顶起前桥
 D. 先转动方向盘

解析：转向油泵在发动机带动下运转，输出的压力油充入储能器，助力转向部件才工作，此时的转向器油液面才是最准确的。

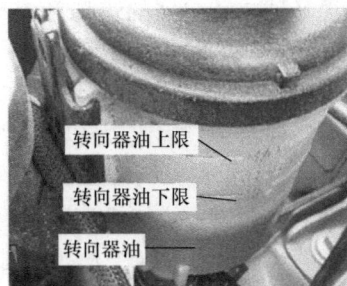
转向器油上限
转向器油下限
转向器油

3. 转向盘一边很轻,一边打不动,且越是深踩加速踏板越是打不动,其主要原因是( )。

    A. 转向车轮前束过小

    B. 轮胎气压不足

    C. 转向装置中油管安装错误

    D. 转向装置中各润滑部位缺油

解析:发动机加速后,转速增高,转向油泵泵油量增多,若转向装置中油管装错会造成此故障。因为有压力的油去了相反的油缸,反而加大了阻力。

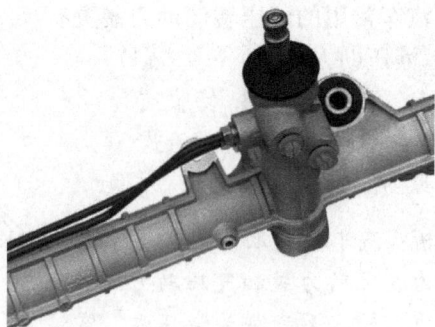

4. 汽车在转弯过程中,打方向会突然停顿,但转过角度后又平顺起来,其主要原因是( )。

    A. 转向器安装松动

    B. 转向器调整不当

    C. 转向装置中油封损坏

    D. 转向传动轴与转向器连接的转向万向节有间隙

万向节

解析:汽车在转向时,由于连接处有间隙,感觉转向不灵敏而且有异响。

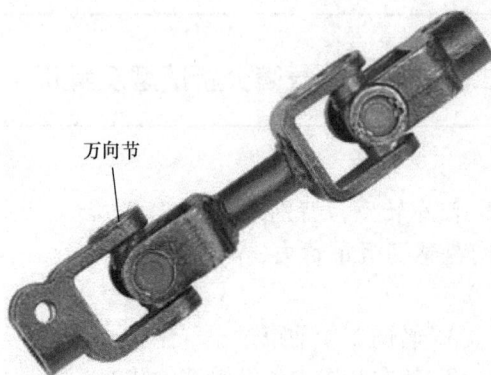

三、转向系统拓展练习

(一) 选择题

1. 汽车在行驶过程中,路面作用于车轮的力,经过转向系统可大部分传递给转向盘,这种转向系统称为( )。

    A. 可逆式   B. 不可逆式   C. 极限可逆式   D. 双向式

2. 主销内倾角使转向轮自动回正的原因是( )。

    A. 汽车牵引力   B. 稳定力矩   C. 汽车轴荷质量   D. 汽车总质量

3. 检查循环球式转向器的齿扇和钢球螺母的啮合间隙时,使齿扇处于( )位置,来回摆动转向摇臂,同时将调整螺钉旋转。

    A. 最左边   B. 最右边   C. 中间   D. 都可以

4. 循环球转向器中,固定摇臂轴,蜗杆轴左右自由转角不超过左右方向各( )。

    A. 5°   B. 10°   C. 15°   D. 20°

5. 汽车转向时,以下说法正确的是( )。

    A. 内侧车轮的偏转角度大于外侧车轮   B. 内侧车轮的偏转角度小于外侧车轮

    C. 内侧车轮的偏转角度等于外侧车轮   D. 以上说法都有可能

6. 转向轮在转向时是绕着( )摆动的。

    A. 转向轴   B. 转向节   C. 转向柱   D. 主销

7. 转向操纵机构不包括 (　　)。

　A. 转向盘　　　　　B. 转向万向节　　　　C. 转向轴　　　　D. 转向节

8. 有些汽车前轮采用独立悬架，所以转向梯形中的横拉杆应做成 (　　)。

　A. 断开式　　　　　B. 整体式　　　　　C. 组合式　　　　D. 刚性式

（二）判断题

1. 转向系的技术要求之一是转向后转向前轮应自动回正。(　　)

2. 汽车的操纵性是指汽车能够准确地响应驾驶人转向指令的能力。(　　)

3. 汽车转向系是用来改变和恢复汽车行驶方向的机构。(　　)

4. 转向系的故障是影响汽车安全的重要因素，转向节易裂部位在其根部。(　　)

5. 转向器的正效率越高越好，能使驾驶人省力。(　　)

6. 转向系角传动比是转向盘同侧转向车轮转角与转向盘转角的比值。(　　)

参考答案

一、转向系统工作原理试题及解析

1. C　2. D　3. A　4. A　5. B　6. ABCD　7. CD

二、转向系统故障分析试题及解析

1. B　2. B　3. C　4. D

三、转向系统拓展练习

（一）选择题：1. A　2. B　3. C　4. A　5. C　6. D　7. D　8. A

（二）判断题：1. √　2. √　3. √　4. √　5. ×　6. ×

第四节　制　动　系　统

一、制动系统工作原理试题及解析

1. 制动效能的恒定性是指(　　)。

　A. 制动时不跑偏

　B. 制动距离

　C. 制动稳定性

　D. 制动的热衰退性能

解析：制动效能的恒定性，是指制动系统抗热衰退（在下坡时长时间的连续制动，都会引起制动器的温度升高过快，而出现热衰退现象）和抗水衰退的能力。

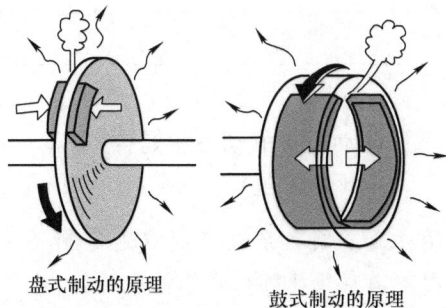
盘式制动的原理　　鼓式制动的原理

2. 汽车的制动过程是加速度为负值的行驶过程。（　　）（判断题）

解析：加速度是速度矢量关于时间的变化率，描述速度方向和大小变化的快慢。若加速度大于零，则为加速；若加速度小于零，则为减速。

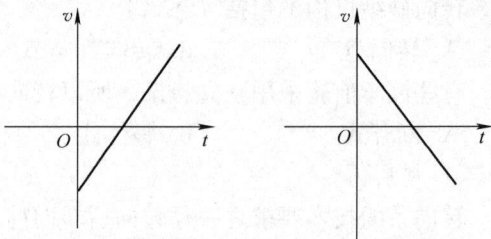

3. 汽车行驶时，车轮应纯滚动；汽车制动时，车轮则应纯滑动。（　　）（判断题）

解析：汽车制动时，应该处于半滚动半滑动状态，因为在此状态下制动力才能达到最佳效果，同时也能降低制动对轮胎的磨损。

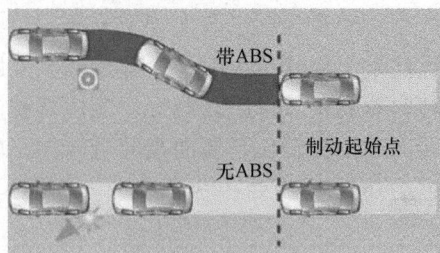

4. 制动鼓一般用（　　）材料制成。

　A. 碳钢　　　B. 铸铁
　C. 铸钢　　　D. 合金钢

解析：灰铸铁具有一定的强度、良好的耐磨性和高的抗热疲劳性，材料和制造成本都较低，长期以来一直是汽车制动鼓（盘）使用的材料。

5. 汽车制动液用蓖麻油制成。（　　）（判断题）

解析：1990 年 1 月推出的法规要求淘汰蓖麻油调制成的制动液。

6. 气压制动系统的动力源是空气压缩机。（　　）（判断题）

解析：气压制动系统中用以进行制动的能源是由空气压缩机产生的气压能，空气压缩机由汽车发动机驱动。

7. 汽车的气压制动系统应保证汽车制动的渐进性,因此制动阀应具有(　　)作用。

　　A. 渐进　　B. 减速
　　C. 随动　　D. 递增

解析:制动阀控制从贮气筒进入制动气室的空气量,并有逐渐变化的随动性,能使制动气室气压与制动踏板行程有一定比例关系。

8. 液压制动系统由(　　)组成。(多选题)

　　A. 前轮制动器
　　B. 中央制动器
　　C. 后轮制动器
　　D. 制动总泵
　　E. 制动踏板

解析:中央制动器安装在传动轴上,多用拉索操作,主要应用在气压制动系统。

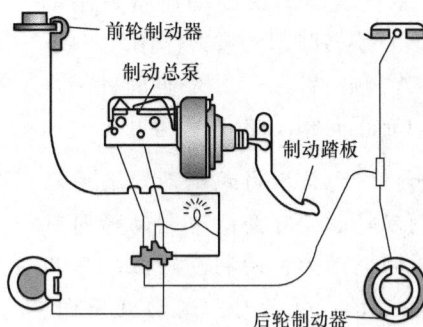

9. 盘式制动器有(　　)。(多选题)

　　A. 全盘式　　B. 浮动盘式
　　C. 钳盘式　　D. 双钳式
　　E. 多盘式

解析:盘式制动器可分为全盘式和钳盘式。轿车使用的如右图所示的钳盘式制动器,重型载货汽车使用全盘式制动器,它的摩擦件和制动盘都是圆形的,因此,可提供比钳盘式更大的制动力。

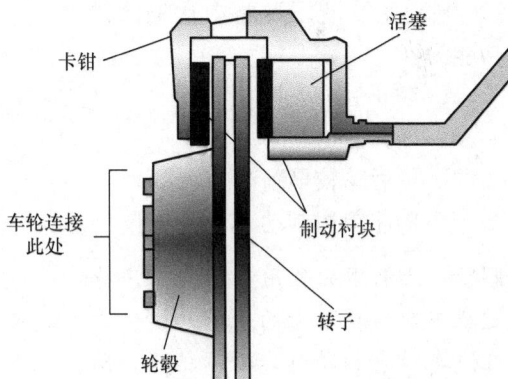

10. 根据交通法规的要求,现代汽车制动系统都采用单回路制动系统。(　　)

解析:单回路制动系统安全性能不足,如果管路漏油(漏气)将影响整个制动系统。

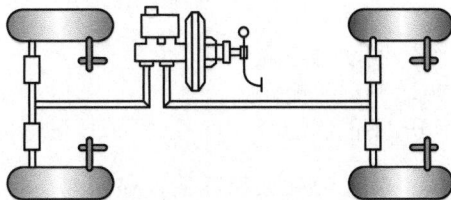

11. 简单非平衡式制动器前进和后退时的（ ）是不同的。

    A. 速度　　　B. 制动力矩

    C. 制动力　　D. 制动效率

解析：简单非平衡式制动器分配两制动蹄相同大小的制动力，但由于领蹄与从蹄所受方向反力不等，所形成的制动力矩也不同，领蹄摩擦片上的单位压力较大，因而磨损较严重，两蹄寿命不等。

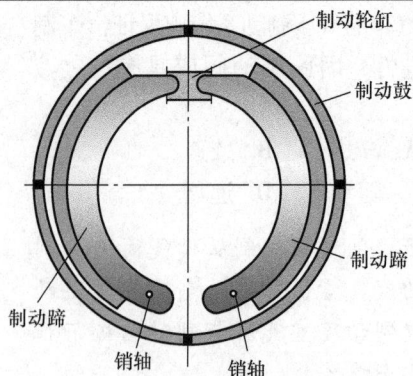

12. 双向自增力式制动器就是制动鼓（ ）旋转时起到增力作用。

    A. 顺时针　　　　B. 逆时针

    C. 正向和反向　　D. 停止

解析：双向自增力式制动器采用双活塞式制动轮缸，可向两边制动蹄同时施加相等的促动力，两制动蹄上、下两端都是浮动的，制动时，制动鼓正向、反向旋转都能起到增力作用。

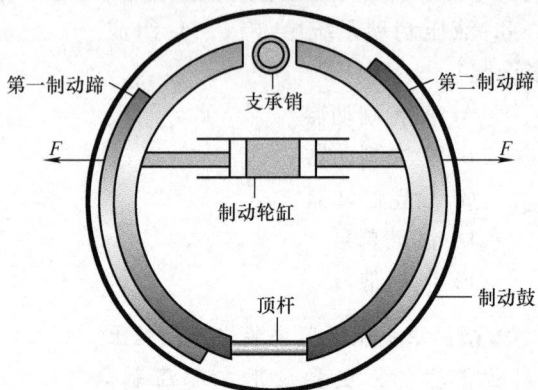

双向自增力式
制动器的工作原理

13. 制动系统液压油路中比例阀的主要功能为（ ）。

    A. 防止后轮先抱死

    B. 增大前轮制动力

    C. 使后轮较早制动

    D. 防止单边制动

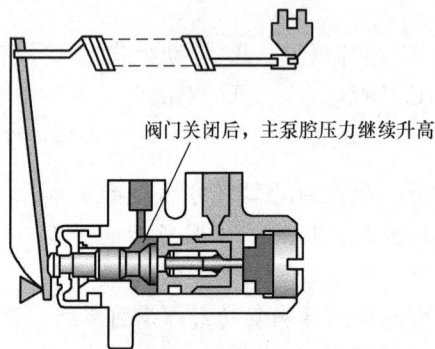

阀门关闭后，主泵腔压力继续升高

解析：比例阀的作用在于保证汽车行驶过程中前后轮负荷的比例合适，并确保在汽车紧急制动时后轮不抱死，防止车辆因后轮抱死出现侧滑。

14. 轿车上两轮制动鼓径向的镗磨尺寸应一致，若差值过大会造成（ ）。

    A. 制动力不足

    B. 制动时跑偏

    C. 制动时侧偏

    D. 不能制动

直径

解析：两制动鼓直径不同，起制动作用的时间不同，制动力矩也不同，若差值过大会出现制动时跑偏。

15. 在装配制动偏心销时，两记号应（　　）装配。

  A. 向外　　　　B. 向内相对

  C. 一内一外　　D. 任意方向

解析：当制动偏心销相对时，制动鼓与制动蹄间的间隙是最小的。通过转动制动蹄支承销，可使制动蹄下端消除间隙。

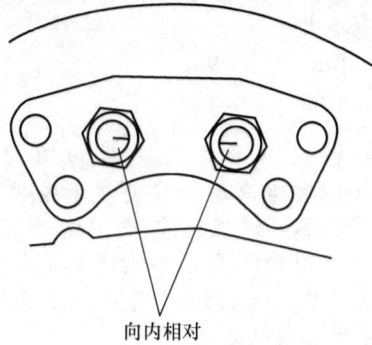

向内相对

16. 汽车鼓式制动器制动效能的好坏，主要取决于制动鼓与制动蹄的（　　）。

  A. 贴合面积　　　B. 几何形状

  C. 散热　　　　　D. 尺寸大小

解析：在同等条件下，制动鼓、制动蹄贴合面积越大，摩擦力也越大，制动效果也越好。

检查制动蹄片接触情况

17. 轻型汽车液压制动踏板自由行程调整方法主要是通过（　　）来调整。

  A. 偏心螺钉

  B. 改变主缸活塞推杆长度

  C. 改变轮缸推杆长度

  D. 改变制动液面的高度

解析：制动主缸推杆连接制动踏板，通过制动主缸推杆处的螺纹可调整推杆的长度，调推杆长度就可以改变踏板的自由行程。

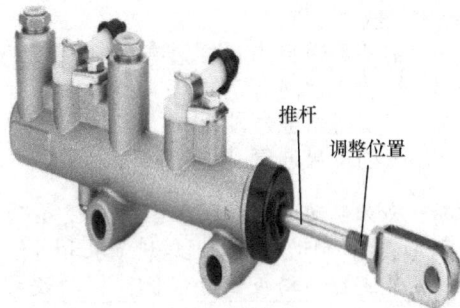

推杆

调整位置

18. 现代汽车制动器都设有间隙自动调节装置。（　　）（判断题）

解析：鼓式制动器广泛使用自动调节装置，而盘式制动器，其间隙通过油封调节，也相当于自动调节装置。

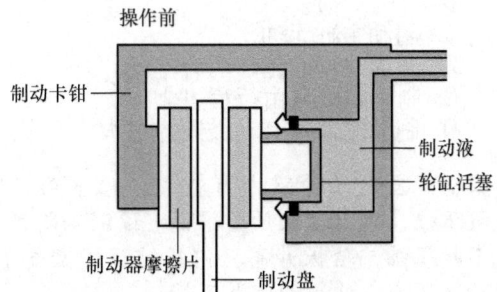

操作前

制动卡钳

制动液

轮缸活塞

制动器摩擦片

制动盘

19. 测定制动性能时，如果车速为 30km/h，制动距离应不大于（　　）。

    A. 8m   B. 9m

    C. 10m   D. 12m

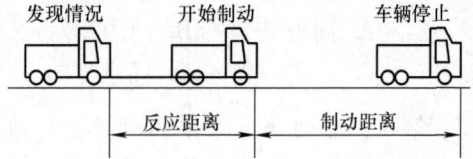

发现情况　　开始制动　　车辆停止

反应距离　　制动距离

解析：根据《中华人民共和国国家标准 GB7258—2012 机动车运行安全技术条件》，总质量不大于 3500kg 的低速货车，制动时车速为 30km/h，空载制动距离应不大于 8m，满载制动距离应不大于 9m，试验通道宽度为 2.5m。注意，制动距离不包含反映距离。

二、制动系统故障分析试题及解析

1. 液压制动的汽车在行驶中，当连续踏下制动板时，各车轮不起制动作用，可能是由于（　　）。

    A. 自由踏板的自由行程过大

    B. 制动总泵内无油

    C. 制动鼓失圆

    D. 制动液温度过高

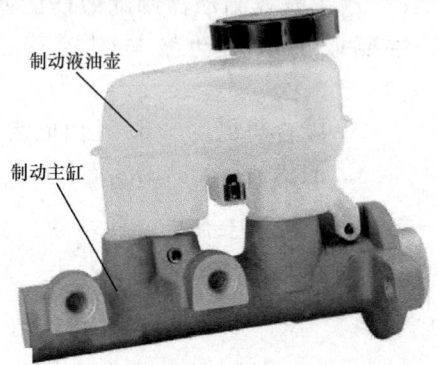

制动液油壶

制动主缸

解析：踏板的制动力是通过制动液传递到各个车轮的分泵才能制动的，如果制动主缸中没有制动液，制动时无传力介质，各车轮将不起制动作用。

2. 液压制动的汽车，当踩下制动踏板时踏板位置很低，再连续踩踏板，踏板位置还不能升高，可能的原因是(　　)。

    A. 制动踏板自由行程过大

    B. 制动油管内有空气

    C. 制动器摩擦片硬化

    D. 制动总泵通气孔堵塞

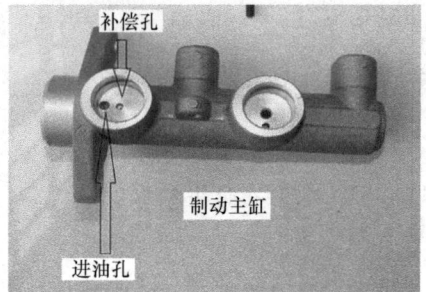

补偿孔

制动主缸

进油孔

解析：如果制动主缸油壶通气孔堵塞，会造成制动油壶负压增大，制动液无法通过进油孔和补偿孔进入油腔，从而使制动踏板位置较低，制动效果差。

3. 液压制动的汽车在行驶中，当踏下制动踏板时，踏板位置变低，再逐渐踩踏板时，逐渐升高，但感到制动踏板软弱，并且制动效果不好，可能是由于（　　）。

    A. 制动主缸无油

    B. 制动油管或轮缸内有空气

    C. 制动踏板自由行程过大

    D. 制动摩擦片制动鼓间隙过大

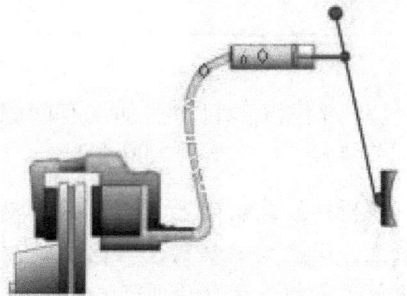

解析：当液压管路内有空气，踩下踏板时，空气被压缩，所以踏板位置很低。逐渐踩踏板时，空气不断压缩，踏板升高，但压缩后的空气不能有效传递压力，故制动效果不好。

4. 液压制动的汽车，一脚制动不灵，连续踏下制动踏板时，踏板位置逐渐升高，并且制动效果良好，可能是由于（　　）。（多选题）

    A. 制动器踏板自由行程过大

    B. 制动油管内有空气

    C. 制动主缸通气孔堵塞

    D. 制动油管漏油

    E. 制动摩擦片与制动鼓间隙过大

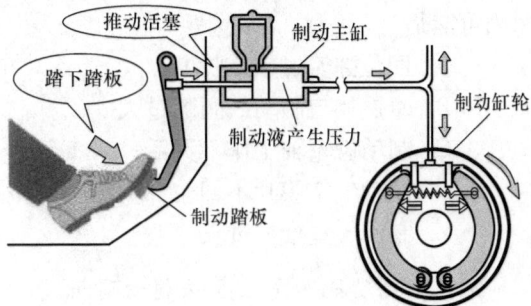

解析：连续踏下踏板，制动效果良好，说明踏板有效行程不足、自由行程太大。自由行程太大可能是总泵推杆未调好，或摩擦片与制动鼓间隙过大。

5. 下列不属于制动拖滞的原因是（　　）。

    A. 胶碗发胀

    B. 没有踏板自由行程

    C. 真空增压器漏气

    D. 摩擦片与制动鼓间隙太小

解析：真空增压器应用较少，一般应用于中型货车上，漏气会影响助力效果，不会引起制动拖滞。

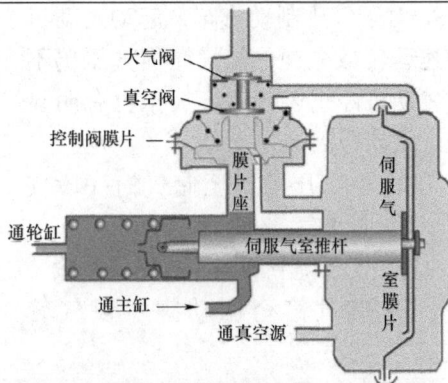

6. 汽车制动拖滞会造成制动鼓发热。（　　）（判断题）

解析：由于制动器一直保持制动状态，摩擦片与制动鼓摩擦产生的热量不断积累。下长坡长时间制动也会出现这种结果。

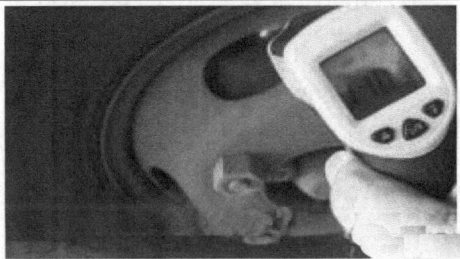

7. 液压制动的汽车，当踩下制动踏板时，踏板高度符合要求，也不软弱下沉，但制动效果不好，可能的原因是（　　）。（多选题）

    A. 制动分泵内有空气

    B. 制动器摩擦片硬化

    C. 制动主缸通气孔堵塞

    D. 制动鼓失圆

    E. 制动主缸胶碗损坏

解析：上述现象说明制动液压管路正常，其原因是制动鼓（或制动盘）与摩擦片接触面太小，具体包括制动鼓（或制动盘）、制动蹄片变形或摩擦片硬化。

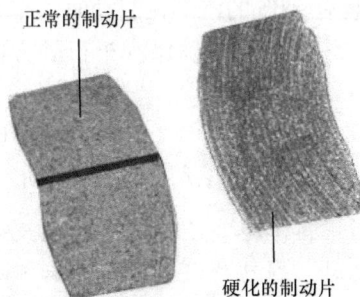

8. 气压制动系统中引起制动拖滞的原因可能是（ ）。（多选题）

A. 回位弹簧过软或折断

B. 摩擦片与制动鼓间隙过大

C. 制动齿轮轴工作不灵活

D. 制动气室膜片不回位

E. 制动气室推杆过长

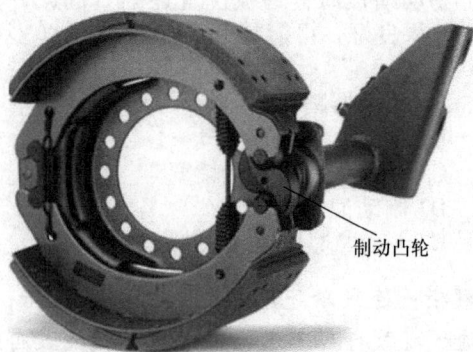

制动凸轮

解析：制动拖滞是在没踩制动踏板情况下制动器已经工作，而摩擦片与制动鼓间隙过大则是造成制动不灵。

9. 对于气压制动汽车，起动发动机并中速运转数分钟，储气筒内气压仍不足，发动机停止运转后，气压也有明显下降，可能原因是（ ）。

A. 空气压缩机至储气筒一段气管漏气

B. 气压调节器内回位弹簧过紧

C. 储气筒至制动阀一段气管漏气

D. 制动阀至各制动气室之间有漏气

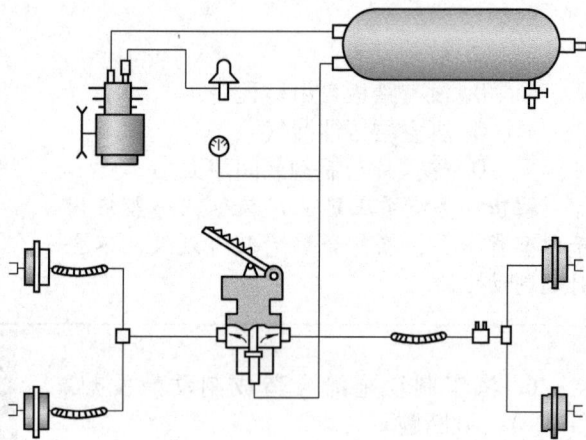

解析：综合两种现象与图，可分析出空气压缩机出口管路漏气会导致上述现象。

三、防抱死系统工作原理试题及解析

1. 装有 ABS 的汽车在制动时，车轮处于（ ）状态，确保汽车行驶方向稳定。

A. 抱死 B. 半抱死

C. 半抱死半滚动 D. 滚动

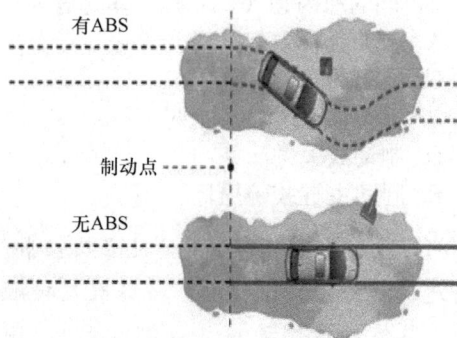

有ABS

制动点

无ABS

解析：当车轮处于抱死与非抱死的临界状态时，制动效果最好；同时前轮仍有良好的导向作用，能随时用转向盘校正车身位置。

2. ABS 是由（　　）所组成。（多选题）

A. 车速传感器

B. 电控单元（ECU）

C. 液压控制执行器

D. 气压控制执行器

E. 制动踏板

解析：ABS 电控单元（ECU）接收车速传感器，轮速传感器对液压控制执行器进行控制，以实现最佳的制动功能。

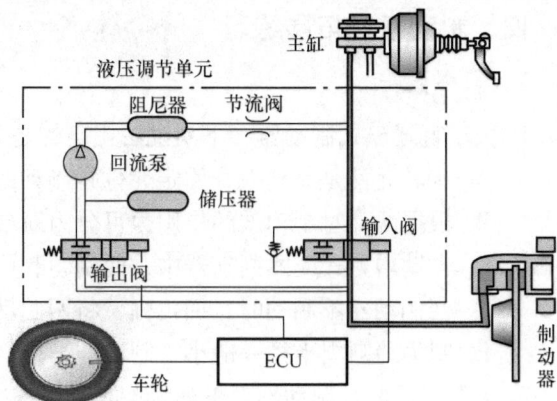

3. 装有 ABS 的制动系统能将车轮的滑动率控制在（　　）之间。

A. 0.10 ~ 0.25　　B. 0.20 ~ 0.35

C. 0.30 ~ 0.45　　D. 0.40 ~ 0.65

解析：ABS 能把车轮的滑动率控制在一定的范围之内，充分地利用轮胎与路面之间的附着力，有效地缩短制动距离，显著地提高汽车制动时的可操纵性和稳定性。

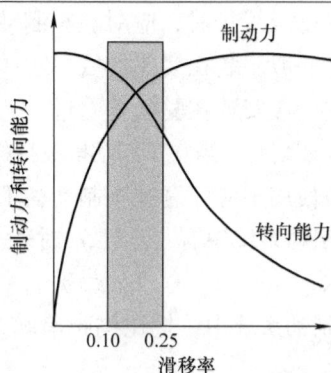

4. 目前使用较多的轮速传感器为（　　）非接触传感器。

A. 磁电式　　B. 光电式

C. 常开式　　D. 常闭式

解析：由于磁电式轮速传感器工作比较稳定可靠，几乎不受温度、灰尘等环境因素的影响，所以，目前在汽车中得到广泛应用。

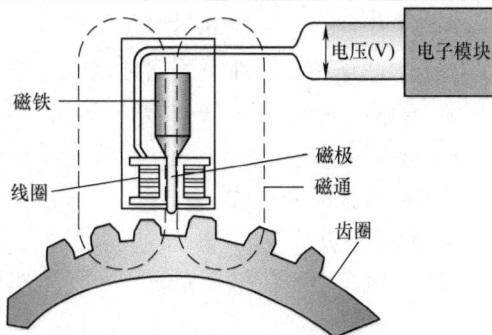

5. 在汽车电子防抱死制动系统中，当传感器发出某车轮将要抱死的信号时，电子控制系统要发出（　　）信号。

A. 增加该车轮制动力

B. 增加所有车轮制动力

C. 减小该车轮制动力

D. 减小所有车轮制动力

解析：当传感器感知到车轮即将停止转动时，ECU 会发出一个指令给制动系统，减小制动力，当车轮恢复转动后制动力又会加大，到车轮又要停转时制动力再减小。

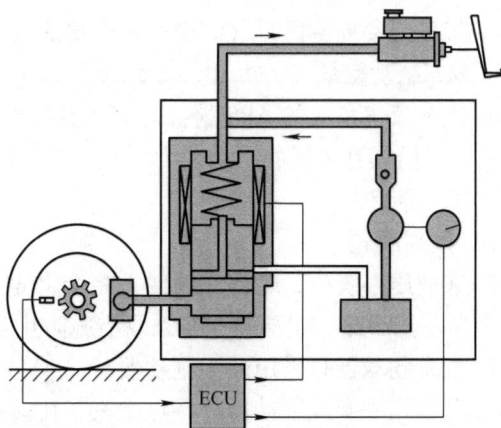

四、制动系统拓展练习

（一）选择题

1. 关于普通鼓式制动器，下列说法正确的是（　　）。（多选题）

    A. 旋转元件是制动鼓，固定元件是制动蹄

    B. 根据两蹄对制动鼓的作用力可分为简单非平衡式、平衡式以及自动增力式

    C. 自动增力式鼓式制动器中，两制动蹄可分为增蹄式和减蹄式

    D. 当制动器不制动时，回位弹簧将两制动蹄拉回原位

    E. 制动蹄圆周半径一般小于制动鼓半径

2. 关于盘式驻车制动器，下列哪些是正确的?（　　）。（多选题）

    A. 在一级维护时，应对驻车制动器进行检查

    B. 它一般安装在变速器后

    C. 它一般安装在驱动轮附近

    D. 在调整时，当驻车制动操纵杆的棘爪在扇形齿板上移动 3~5 个齿时，应能完全制动

    E. 在使用中应注意驻车制动盘工作面的摆差不能大于 0.3mm

3. 液压制动系统中有（　　）时就会产生制动不灵。

    A. 水　　　　　　　　B. 杂质　　　　　　　　C. 空气　　　　　　　　D. 沉积物

4. 液压制动系统中，把比例阀串联在通向后轮的液压管路中，其作用是解决制动时的（　　）现象。

    A. 摆头　　　　　　　　B. 摆尾　　　　　　　　C. 侧滑　　　　　　　　D. 侧倾

5. 汽车的驻车制动器在下列何种情况使用。（　　）（多选题）

    A. 直线行驶时　　　B. 转弯行驶时　　　C. 停车时　　　D. 坡道起步时

    E. 行车减速时

6. 汽车制动拖滞会造成（　　）

    A. 制动不灵　　　B. 单边制动　　　C. 制动鼓发热　　　D. 制动无力

7. ABS（汽车电子防抱死系统）可使汽车制动时，车轮的滑移率保持在（　　）的最佳状态。

    A. 1%~10%　　　B. 20%~30%　　　C. 15%~20%　　　D. 40%~50%

8. 气压制动控制阀排气间隙过小会造成（　　）。

    A. 制动粗暴　　　B. 制动拖滞　　　C. 制动不灵　　　D. 制动跑偏

9. 汽车仪表盘上的 ABS 警报灯亮，意味着汽车 ABS 有故障，汽车制动能力（　　）。

    A. 仍具有常规的制动能力　　　　　　B. 完全丧失

    C. 不变　　　　　　　　　　　　　　D. 增加

（二）判断题

1. 在液压系统中，若有空气侵入将会严重影响液压系统中的压力升高，甚至使液压系统完全失效。因此，在结构上要采取措施防止空气侵入。（　　）

2. 汽车制动器只采用鼓式制动器。（　　）

3. 简单非平衡式制动器的特点是汽车在前行、后退制动时都有增力作用。（　　）

4. 当车轮上的制动力 F_b 达到了附着力 F 数值时，车轮就沿地面滑移。（　　）

5. 汽车制动时，当后轮先抱死，汽车会甩尾横置。（   ）

6. 在汽车制动防抱死系统中，要有调整摩擦片制动力的液压控制阀。（   ）

7. 汽车制动时，车轮完全抱死时产生的制动力达到最大值。（   ）

8. 气压制动控制阀的作用是控制充入制动气室的压缩空气量，使制动气压与踏板行程成线性关系。（   ）

9. 汽车的制动按行驶具体情况，可分为预见性制动和紧急制动两种。（   ）

10. 汽车正常制动时，地面制动力与制动踏板力始终保持成正比的关系。（   ）

11. 制动距离是指一定行驶初速度下，从踩制动踏板开始到停车时所驶过的距离。（   ）

12. 在汽车制动防抱死系统中，通过采集车速信号来实现对制动系统的控制。（   ）

13. 盘式制动器在更换摩擦片后，要调整摩擦片和制动盘之间的间隙。（   ）

14. 真空增力制动装置是利用排气管处的真空度增大制动力。（   ）

15. 伺服制动系是兼用人体和发动机作为制动能源。（   ）

16. 中央制动器是停车制动器，也是紧急制动器。（   ）

参考答案

一、制动系统工作原理试题及解析

1. D 2. √ 3. × 4. B 5. × 6. √ 7. C 8. ACDE 9. AC 10. × 11. B
12. C 13. A 14. B 15. B 16. A 17. B 18. √ 19. A

二、制动系统故障分析试题及解析

1. B 2. D 3. B 4. AE 5. C 6. √ 7. BD 8. ACDE 9. A

三、防抱死系统工作原理试题及解析

1. C 2. ABC 3. A 4. A 5. C

四、制动系统拓展练习

（一）选择题：1. ABD 2. ABDE 3. C 4. B 5. CD 6. C 7. C 8. B 9. A
（二）判断题：1. √ 2. × 3. × 4. √ 5. √ 6. × 7. × 8. × 9. √
10. × 11. √ 12. × 13. × 14. × 15. √ 16. √

第三章

汽 车 电 气

第一节　电气基础

一、汽车电气基础试题及解析

1. 若一个线圈中的磁场发生变化，这个线圈中也会产生感应电流，感应电流是随磁场强度的增加而＿＿＿＿，随导线运动速度的增加而＿＿＿＿。（　　）
　　A. 升高；降低　　B. 升高；升高
　　C. 降低；降低　　D. 降低；升高

解析：感应电流和感应电动势成正比，而感应电动势是以下因素的乘积：
1. 磁感应强度；
2. 有效导线长度；
3. 导线的运动速度。

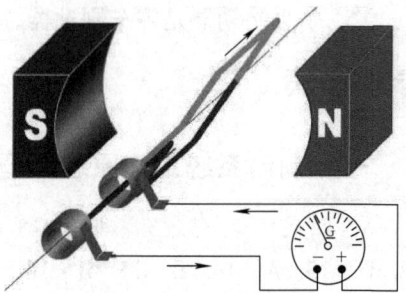

2. 含有电源并包括内外电路在内的（　　）电路称为全电路。
　　A. 闭合　　B. 开式
　　C. 封闭　　D. 欧姆

解析：全电路包括外电路和内电路。外电路包括电源外部的用电器和导线构成的电路；内电路包括电源内部的电路。电路闭合后才能工作。

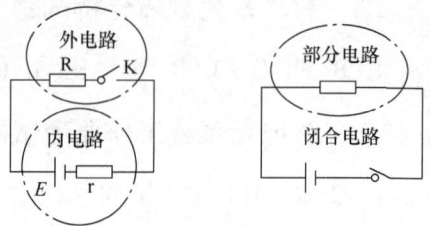

外电路：电源外部的用电器和导线构成外电路
内电路：电源内部是内电路

3. 由两块互相绝缘的薄板式金属薄片组成的器件称为（　　）。
　　A. 存电器　　B. 电容器
　　C. 电位器　　D. 互感器

解析：电容是由两块平行金属极板及极板之间的介质组成。

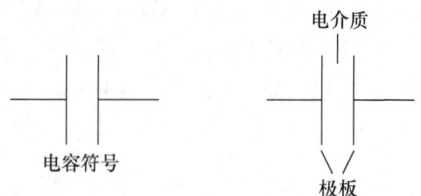

4. 图中电压表的读数应为（　　）。
　　A. 11V　　B. 8V　　C. 6V　　D. 4V

解析：电压表是个相当大的电阻器，它必须与被测用电器并联。图中所测电压实际上为 A 点与负极之间的电压。图中 R_1 与 R_2 属于串联关系，根据"串联分压"原理，可计算出结果。
$$12 \times 10 \div (10 + 10) = 6V$$

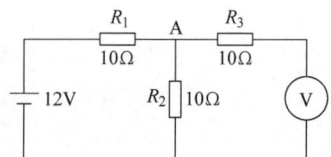

5. 图中电流表的读数应为（　　）。

A. 0.25A　　B. 0.5A

C. 0.8A　　D. 1A

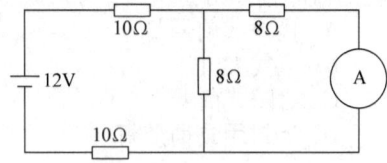

解析：先计算出电阻，再计算出电流，最后，因为两条分支电路阻值相同，除以2即可。

$$8 \times 8 \div (8+8) + 10 + 10 = 24\Omega$$

$$12 \div 24 \div 2 = 0.25A$$

6. 下图所示三极管的名称是（　　）。

A. NPN　　B. PNP

C. NXR　　D. NPR

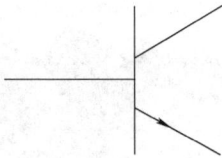

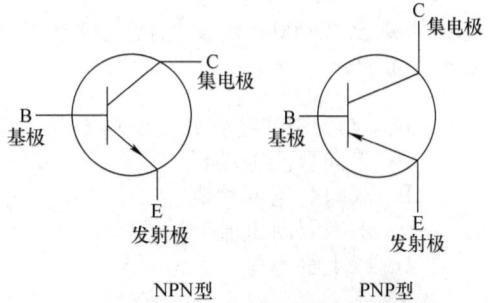

解析：见右图。

7. 当仪表板上的超速档开关指示灯"O/D OFF"点亮时，表示（　　）。

A. 超速档有故障　　B. 超速档打开

C. 超速档关闭　　D. 以上都不对

解析：当按下如图所示O/D控制开关，"O/D OFF"指示灯点亮，超速档关闭，便于加速。

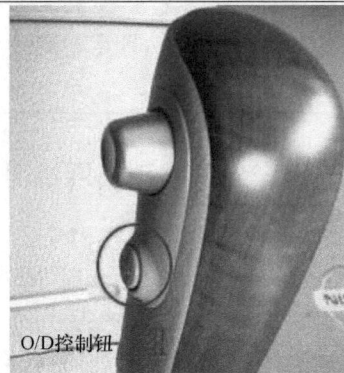

8. 电流通过导体时会产生磁场，表示电流方向与其产生的磁场方向的关系可以用（　　）表示。

A. 左手定则　　B. 三指定则

C. 右手定则　　D. 右手螺旋定则

解析：在电磁学中，右手定则判断的主要是与力无关的方向，左手定则判断与力有关的方向。

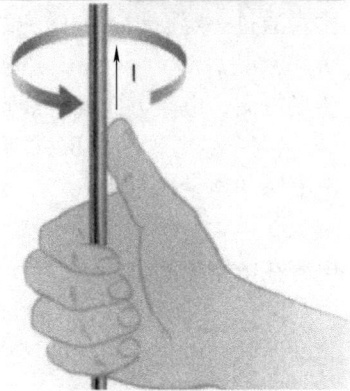

9. 晶体二极管的特性是具有（　　）导电的特性。

A. 方向　　B. 单向

C. 双向　　D. 所有方向

解析：解析如图，当正向电压超过一定数值后晶体二极管正向导通。

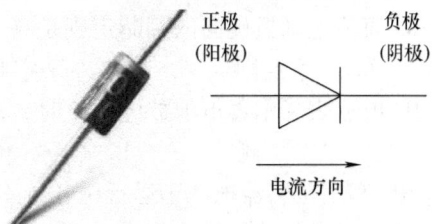

10. 功率低，发光强度最高，寿命长且无灯丝的汽车前照灯是（ ）。

    A. 投射式前照灯

    B. 氙气大灯

    C. 封闭式前照

    D. 半封闭式前照灯

解析：氙气灯内部充满包括氙气在内的惰性气体混合体，通过启动器和电子镇流器，将电压提高至 23000V 以上，氙气被高压电击穿形成电弧而发光。

11. 电动车窗中的电动机一般为（ ）。

    A. 单向直流电动机

    B. 双向交流电动机

    C. 永磁双向直流电动机

    D. 以上都不是

解析：电动车窗中一般采用采磁双向直流电动机，通过开关控制其电流方向，从而实现车窗的升降。

二、汽车电气基础拓展练习

1. 电能和磁场能可以互相（ ）和转换。

    A. 交变   B. 抵消   C. 感应   D. 感生

2. 焦耳 – 楞次定律公式为（ ）。

    A. $Q = 3.4I^2R_t$ B. $Q = 0.24I^2R_t$ C. $Q = I^2R_t$ D. $Q = 0.24IR_t$

3. 垂直通过一定面积 S 的磁力线总数叫（ ）量。

    A. 磁量   B. 磁强   C. 磁通   D. 磁压

4. 磁场方向、电流方向和导线运动方向三者之间关系可用（ ）定则来确定。

    A. 左手   B. 右手   C. 左拇指   D. 三指

5. 电喇叭的声量通常为（ ）dB。

    A. 85   B. 95   C. 105   D. 110

6. 电容在电路上的功能是（ ）。

    A. 发光   B. 滤波   C. 放大功率   D. 以上全是

7. 化学腐蚀和电化学腐蚀的区别在于（ ）。

    A. 有无新物质产生   B. 有无电流产生   C. 腐蚀部位不同   D. 有无产生化学变化

8. 直流电动机旋向的判断定则是（ ）。

    A. 右手定则   B. 左手定则   C. 安全定则   D. 右手螺旋定则

9. 电流表指示蓄电池放电电流时，表针指向（ ）。

    A. "+"侧   B. "–"侧   C. "0"位不动   D. 两边摆动

10. 车用传感器把汽车运行中各种工况信息，转换成（ ）输给计算机。

    A. 光频信号   B. 电信号   C. 电流信号   D. 电压信号

11. 供给计算机的直流电压为12V，需经调节器转换为（　　）后输给传感器。
    A. 3V　　　　　　　　B. 4V　　　　　　　　C. 5V　　　　　　　　D. 6V

12. 行驶中前照灯熄灭，经检查灯泡良好但不亮，其原因可能为（　　）。
    A. 熔丝熔断　　　　　　　　　　　　　B. 发电机传动带断裂
    C. 蓄电池电源接头松　　　　　　　　　D. 蓄电池电压不够

13. 随着车速的增大，仪表板内的响声增大，这种故障现象的原因可能是（　　）。
    A. 里程表或软轴线响　　　　　　　　　B. 某个仪表松动
    C. 仪表台面板松动　　　　　　　　　　D. 仪表线束振动发出的声响

14. 在检修电路时，用手触摸连接器接头，感到温度明显较高，说明（　　）。
    A. 电路电流过大　　　　　　　　　　　B. 电路连接器有接触不良
    C. 受发动机温度影响，属正常现象　　　D. 是高压电连接导线

15. 额定电压为12V，额定功率为100W与50W的两个同类型灯泡并联在12V电路中，哪一个更亮一些（　　）。
    A. 50W的亮一些　　　　　　　　　　　B. 100W的亮一些
    C. 100W与50W一样亮　　　　　　　　　D. 以上都不对

16. 控制转向灯闪光频率的是（　　）。
    A. 转向开关　　　　　B. 点火开关　　　　　C. 仪表盘控制单元　　D. 闪光器

17. 晶体管有以下哪些特性。（　　）
    A. 开关特性　　　　　　　　　　　　　B. 放大特性
    C. 开关特性与放大特性　　　　　　　　D. 以上都不是

18. 熔丝上标注的"10"所代表的含义是（　　）。
    A. 能够承受的电压为10V　　　　　　　B. 熔丝消耗功率为10W
    C. 电阻为10Ω　　　　　　　　　　　　D. 能够通过的最大通过电流为10A

19. 当汽车点火钥匙打到ACC档时，可以正常工作的电器设备是（　　）。
    A. 收音机　　　　　　B. 点火线圈　　　　　C. 燃油泵　　　　　　D. 发电机

20. 更换卤素灯泡时，甲认为可以用手指接触灯泡，乙认为不能让灯泡掉落或受到刮碰。你认为（　　）。
    A. 甲对　　　　　　　B. 乙对　　　　　　　C. 甲乙都对　　　　　D. 甲乙都不对

21. 车用电线应根据绝缘性能、通过电流大小和机构强度三要素进行选择。（　　　　）
    A. 正确　　　　　　　B. 错误

22. 关于汽车灯系，下列说法正确的是（　　）。（多选题）
    A. 汽车照明系统由灯具、电源和电路三大部分组成
    B. 前照灯远光灯丝位于焦点上方　　　　C. 制动灯属于照明灯具
    D. 反射镜的作用是将灯泡的光线聚合并导向前方
    E. 前照灯的灯光一般为白色

参考答案

一、汽车电气基础试题及解析

1. B　2. A　3. B　4. C　5. A　6. A　7. C　8. C　9. B　10. B　11. C

二、汽车电气基础拓展练习

1. C 2. B 3. C 4. A 5. C 6. B 7. B 8. B 9. B 10. B 11. C 12. A
13. A 14. A 15. B 16. D 17. C 18. D 19. A 20. B 21. A 22. ADE

第二节 点火系统和起动系统

一、点火系统和起动系统原理试题及解析

1. 汽车用起动机的电机一般为直流串激电动机，这种电动机（ ）。
 A. 可在高速时产生较大的转矩
 B. 可在高速时产生较大的电流
 C. 可在低速时产生较大的转矩
 D. 可在低速时产生较大的电流

解析：直流电动机在低转速时转矩大，转速提高时转矩逐渐变小，很适合做起动机之用。

2. 起动机空载试验时，电流高于标准值，原因是（ ）。
 A. 弹簧压力过小
 B. 内部电路接触不良
 C. 电枢轴弯曲
 D. 导线连接处接触不良

解析：试验时，在电源电压一定的情况下，起动机电流高于标准，说明负载过大，即起动机运行阻力太大。阻力有可能来自曲轴运转阻力，也可能来自起动机自身电枢轴弯曲等阻力。

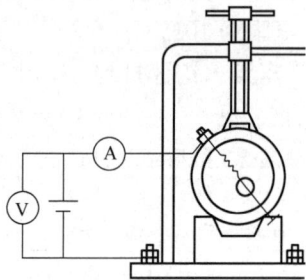

3. 发动机功率大、压缩比大、转速高，应选用（ ）火花塞。
 A. 高压 B. 低压
 C. 冷型 D. 热型

解析：功率大发动机应选用散热良好的火花塞。冷型火花塞裙部短，不会储存较多热能，散热性良好，因而适合功率大的发动机。

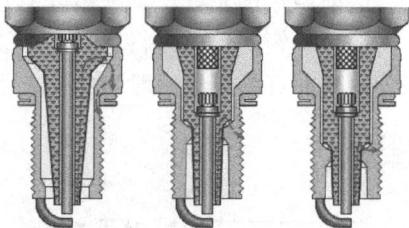

4. 一般来说, 缺少了 ( ) 信号, 电子点火系统将不能点火。

  A. 进气量 B. 冷却液温度

  C. 转速   D. 上止点

解析: 发动机电控单元需要转速信号确定点火时刻, 转速传感器 (曲轴位置传感器) 是控制点火时刻的主要信号源, 缺少该信号, 点火系统不点火。

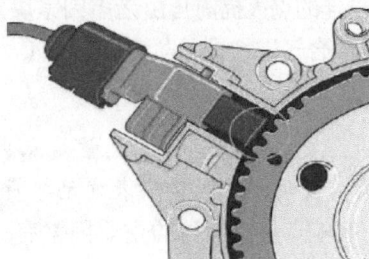

5. 在安排多缸发动机点火次序时, 应注意使连续做功的两缸相距尽可能远。( )

  A. 正确 B. 错误

解析: 例如4缸直列发动机点火顺序一般为 1 - 3 - 4 - 2, 连续做功的两缸相距尽可能远, 可以减少振动。

6. 无触点点火装置, 按所使用的传感器型式不同有 ( )。(多选题)

  A. 磁脉冲式   B. 电脉冲式

  C. 霍尔效应式 D. 电磁感应式

  E. 光电式

解析: 无触点点火装置常使用电磁感应式 (磁脉冲式)、霍尔效应式和光电式传感器。

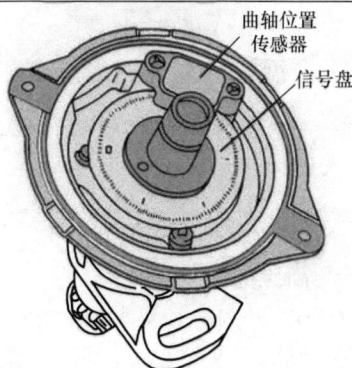

7. 点火线圈实际上是一种 ( )。

  A. 降压变压器 B. 低压变压器

  C. 升压变压器 D. 开关变压器

解析: 点火线圈是利用自感和互感效应, 起到升高电压作用, 如果升压不足会影响火花塞点火质量, 最终影响发动机的运行, 使得产生发动机抖动或熄火。

点火线圈、点火模块及高压线
已经做成一体

8. 影响爆振传感器的信号是 ( )。

  A. 点火提前 B. 喷油正时

  C. 怠速   D. 汽油泵操作

解析: 爆振传感器安装在缸体上, 它通过传感发动机的振动来调整点火时刻。

9. 最佳的点火提前角由诸多因素决定，最主要因素是混合气进气量和发动机转速（　　）。

    A. 正确　　B. 错误

解析：发动机转速和进气量是点火提前的主要因素。发动机进气量代表发动机负荷。

10. 影响点火提前角的主要因素有（　　）。（多选题）

    A. 火花塞电极间隙　　B. 发动机转速

    C. 负荷　　　　　　　D. 汽油辛烷值

    E. 空燃比

解析：汽油辛烷值是汽油抵抗爆燃的能力，辛烷值越低，点火提前角越小。

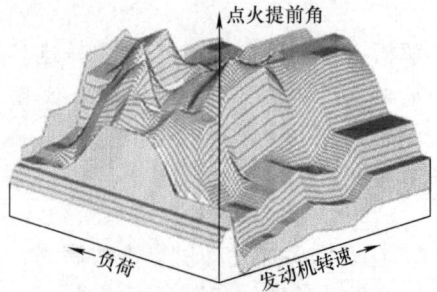

11. 燃用辛烷值较低的汽油时，电控单元控制点火提前角应（　　）。

    A. 加大　　B. 减小

    C. 不变　　D. 可适当提前

解析：辛烷值低的汽油抗爆性差，为防止爆燃，点火提前角要减小。

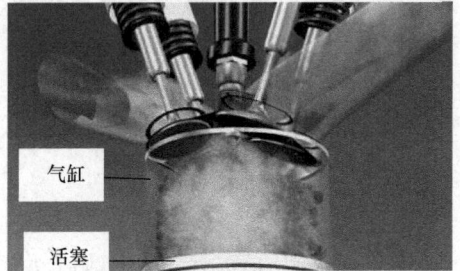

爆燃会造成尖锐的敲缸声

12. 点火线圈的作用是把（　　）低压电变为 1500V 高压电。

    A. 6V　　B. 12V　　C. 24V

    D. 48V　　E. 96V

解析：点火线圈内部有初级线圈和次级线圈，它将蓄电池电压提高成高电压，以便于击穿火花塞间隙。

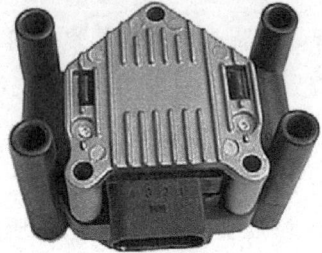

点火线圈

13. 当发动机的转速一定而负荷增大时，电控单元控制点火提前角（　　）。

    A. 增大　　　B. 减小

    C. 不变　　　D. 先增大后减小

解析：当发动机负荷加大时，节气门开度加大，气缸的进气量增多，压缩行程终了的压力和温度增高，加之残存的废气相对减少，燃烧速度会加快，因此，最佳点火提前角应减小一些。相反，负荷减小时，节气门开度小，发动机进气量少，残存废气相对增加，使混合气燃烧速度变慢，点火提前角应加大。

节气门位置传感器

14. 汽油机点火时间越早，发生爆燃的可能将（　　）。
　　A. 越大　　B. 越小
　　C. 不变　　D. 与点火时间无关

解析：点火时间越早，燃烧时所产生的阻止活塞正常运行的反向推力的趋势也越大，与活塞正常运行相冲突加大，故而产生的爆振也随之加大，装在缸壁上的爆振传感器将爆振信号传递给 ECU，ECU 根据爆振信号推迟点火提前角。

爆振传感器

15. 电子控制点火系统由（　　）直接驱动点火线圈进行点火。
　　A. ECU　　　　B. 点火控制器
　　C. 分电器　　D. 转速信号

解析：点火控制器即点火模块，ECU 控制点火控制器进而控制点火。

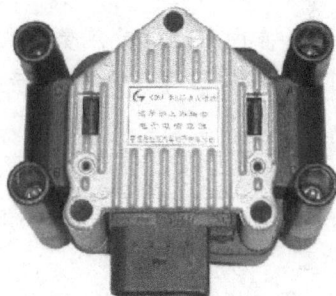
安装在点火线圈上的点火控制模块

二、点火系统和起动系统故障试题及解析

1. 起动机不运转或转速低而无力是由于（　　）。（多选题）
　　A. 起动开关失调
　　B. 蓄电池电压低
　　C. 起动机接线柱的并联电路短路
　　D. 起动机小齿轮未与飞轮齿圈啮合
　　E. 蓄电池接线柱接触不良

解析：起动机转速低或不转，是由于电流太小运行阻力太大；当其未与飞轮啮合时，阻力较小转速会更快。

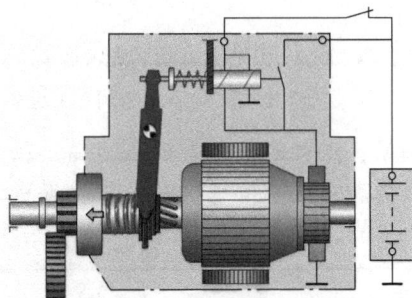
起动系统

2. 发动机高速运转时产生断火现象是由于（　　）。

　　A. 高压线断路

　　B. 点火线圈工作不良

　　C. 混合气过稀

　　D. 火花塞间隙过小

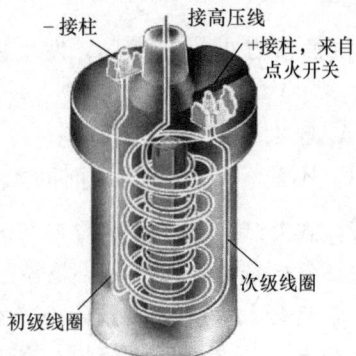

解析：高速工况下的频繁点火，使点火线圈温度迅速升高，而点火线圈因绝缘老化而使其在高温下发生放电短路，导致断火。

3. 发动机起动时有倒转现象是由于（　　）。

　　A. 点火过晚　　　B. 混合气过稀

　　C. 混合气过浓　　D. 点火过早

解析：活塞向上运行时，受到阻力，则会发生倒转现象，过早点火即会产生运行阻力。

4. 汽油发动机点火过迟，会出现（　）故障。

　　A. 发动机抖动　　B. 回火

　　C. 高速时断火　　D. 爆燃

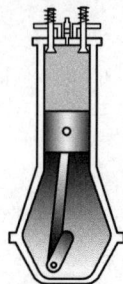

解析：点火过迟会导致燃烧时间长，排气温度高，在进气门打开时，气缸内高温气体点燃进气管进气，导致回火。

5. 汽油发动机产生爆燃的原因是（　　）。

　　A. 点火过早　　　B. 点火过晚

　　C. 点火正时　　　D. 混合气过稀

解析：点火过早会导致压力高，压力高会导致爆燃，爆燃传感器就是根据爆燃调整点火时间的。

三、点火系统和起动系统拓展练习

（一）选择题

1. 起动机下列说法正确的是（　　）。（多选题）

A. 磁极的作用是产生固定不动的磁场　　　B. 电枢的作用是通电后在磁场中产生转矩

C. 换向器作用使电枢内电流方向一致　　　D. 电刷和刷架向磁极引励磁电流

E. 当励磁电流较小，磁路未饱和时，磁通与励磁电流成正比

2. 汽车起动机小齿轮不能与飞轮齿圈啮合是什么原因？（　　　）（多选题）

　　A. 起动机电磁开关的吸铁行程未调好　　B. 起动机内回位弹簧折断

　　C. 起动机小齿轮与飞轮齿圈距离太大　　D. 离合没有彻底分离

　　E. 起动机轴承与曲轴轴承不平行

3. 起动机空载试验的持续时间不能超过（　　　）。

　　A. 5s　　　　　　　B. 10s　　　　　　　C. 1min　　　　　　　D. 5min

4. 当发动机起动不着火时，下列说法哪个是错误的（　　　）。

　　A. 可能是蓄电池容量低　　　　　　B. 可能是无高压电

　　C. 可能是不供油　　　　　　　　　D. 可能是发电机有故障

5. 起动机空转的原因之一是（　　　）。

　　A. 蓄电池电量不足　　B. 换向器脏污　　C. 单向离合器打滑　　D. 电刷接触不良

6. 汽油发动机加速或大负荷时有突爆声，放松加速踏板立即消失，是由于（　　　）。

　　A. 点火过晚　　　　B. 点火过早　　　　C. 点火次序错乱　　　D. 混合气过稀

7. 修理厂生产管理工作主要包括（　　　）等。（多选题）

　　A. 劳动管理　　　　B. 人事管理　　　　C. 技术管理　　　　D. 设备管理

　　E. 财务管理

8. 发动机怠速时发生抖动是由于（　　　）。（多选题）

　　A. 混合气过稀　　　B. 混合气过浓　　　C. 点火次序错乱　　　D. 气门间隙过大

　　E. 个别缸不工作

9. 四冲程直列六缸发动机的发火次序（　　　）。（多选题）

　　A. 1－5－3－6－2－4　　　　　　　　　B. 1－6－2－3－5－4

　　C. 1－4－2－6－3－5　　　　　　　　　D. 1－3－4－2－6－5

　　E. 1－6－2－4－5－3

10. 汽油发动机点火次序错乱会出现（　　　）的故障现象。（多选题）

　　A. 回火　　　　　　B. 发动机抖动　　　C. 火花塞触点烧蚀　　D. 高速时断火

11. 电控点火装置主要是对（　　　）的控制。（多选题）

　　A. 点火提前角　　　B. 点火正时　　　　C. 通电时间　　　　D. 断电时间

　　E. 爆燃

12. 汽油发动机怠速工作时抖动，是由于（　　　）。（多选题）

　　A. 个别缸不工作　　B. 点火次序错乱　　C. 点火过迟　　　　D. 混合气过浓

　　E. 火花塞间隙过大

13. 点火提前角过大或过小都会使（　　　）下降。（多选题）

　　A. 转矩　　　　　　B. 经济性　　　　　C. 有效压力　　　　D. 油耗

　　E. 功率

14. 发动机电子控制系统 ECU 主要由（　　　）等部分组成。

　　A. 输入接口　　　　B. A/D 转换器　　　C. 中央处理器　　　D. 存储器

　　E. 执行器

15. 关于发动机下列说法错误的是（　　　）。

A. 发动机转速越高，点火提前角越大　　B. 发动机负荷越大，点火提前角越小

C. 汽油牌号（辛烷值）越大，点火提前角越小

D. 某发动机压缩比为7.2，应选用"冷型火花塞"

E. 发动机起动时，电流表读数为7A，说明低压线路断路

（二）判断题

1. 烟度计是用来测量汽油机排烟的仪器。（　　）

2. 汽车采用拖挂和半拖挂车是减少汽车油耗量的措施之一。（　　）

3. 点火线圈的作用是把直流电变为交流电。（　　）

4. 微机控制点火系可以提高发动机动力性、经济性。（　　）

5. 发动机转速一定时，随着负荷的加大，点火提前角应增大。（　　）

6. 点火过早可能会引起汽油发动机无怠速的故障。（　　）

7. 汽油发动机气缸内压力愈高，温度愈低，火花塞两电极间的穿透电压愈高。（　　）

8. 一台适于装用热值为中型火花塞的汽油机若使用了热型为冷型的火花塞，则易造成火花塞积炭。（　　）

9. 为防止行驶中起动机再次误起动，其保护电路是利用点火模块来保证的。（　　）

10. 在电子点火系统中，决定点火提前角的主要信号是转速信号和冷却液温度信号。（　　）

11. 最佳点火时刻应当是使缸内气体最大压力在活塞位置相当于曲轴转到上止点后10° ~ 15°。（　　）

12. 电感式电子点火系中，信号发生器有"提前"效应，故可不再用负荷提前装置。（　　）

13. 发动机的点火提前角随转速上升及负荷增大而使提前角变大。（　　）

14. 电子点火比传统的触点式点火，点火能量有较大提高。（　　）

15. 汽油机加速时有突爆声，松开加速踏板则立即消失，这是由于点火过早引起的。（　　）

16. 各缸点火电压均高于标准值，说明火花塞间隙都调得偏大。（　　）

参考答案

一、点火系统和起动系统原理试题及解析

1. C　2. C　3. C　4. C　5. A　6. ACDE　7. C　8. A　9. A　10. BCD　11. B　12. B　13. B　14. A　15. B

二、点火系统和起动系统故障试题及解析

1. ABCE　2. B　3. D　4. B　5. A

三、点火系统和起动系统拓展练习

（一）选择题：1. ABCE　2. ABCE　3. A　4. D　5. C　6. B　7. ACDE　8. ABCE　9. AC　10. AB　11. ABCD　12. ABCD　13. BE　14. ABCD　15. CE

（二）判断题：1. ×　2. √　3. ×　4. √　5. ×　6. √　7. √　8. √　9. ×　10. ×

11. √　12. ×　13. ×　14. √　15. √　16. √

第三节　电源系统

一、电源系统原理试题及解析

1. 铅蓄电池属（　　）电池，具有反复充电、放电的性能。

　　A. 一次　　　B. 二次

　　C. 高能　　　D. 化学

　　解析：铅蓄电池可以反复充电，所以可以称之为二次电池。

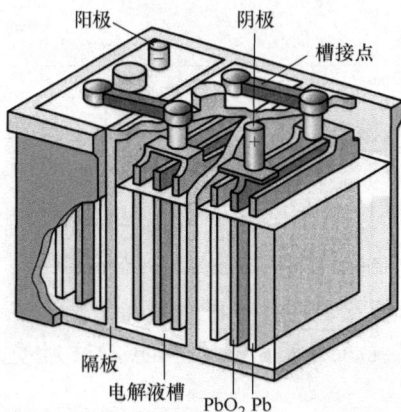

2. 发电机的转子是用来建立（　　）的，定子用来产生三相交流电。

　　A. 电场　　　　B. 磁场

　　C. 电磁场　　　D. 电动势

　　解析：发电机运用电磁感应原理制成，转子建立磁场，定子产生电动势。

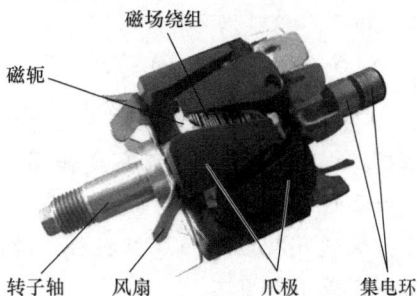

3. 三相硅整流器中，每个二极管流过的正向电流为负载电流的（　　）。

　　A. 1/6 倍　　　B. 1/3 倍

　　C. 1/2 倍　　　D. 1 倍

　　解析：三相半波整流，二极管流过的电流的平均值，等于负载电流的三分之一。

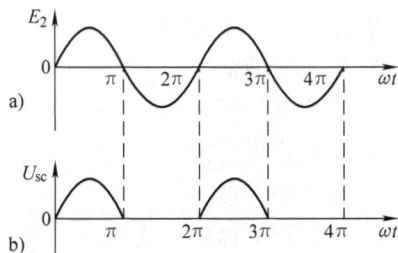

4. 发电机正常工作后，其充电指示灯熄灭，这时充电指示灯两端的（   ）。

    A. 电压相等   B. 电流相等

    C. 电位差相等   D. 电阻相等

解析：充电指示灯两端电压相等，无电流通过，故其熄灭。

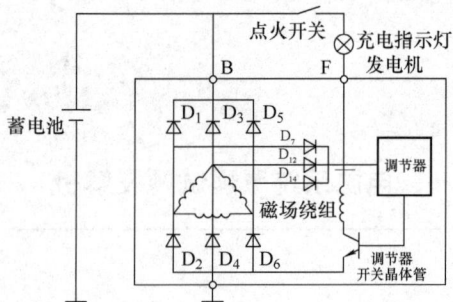

5. 铅酸蓄电池的内阻大小主要取决于（   ）。

    A. 极板电阻   B. 电解液电阻

    C. 隔板电阻   D. 联条电阻

解析：蓄电池的内阻是指蓄电池在工作时，电流流过蓄电池内部电解液所受到的阻力。

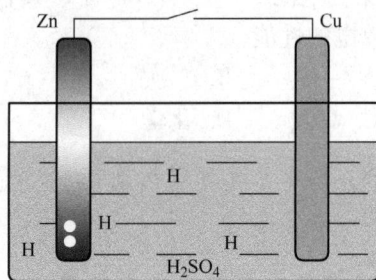

6. 蓄电池电解液应高于极板（   ）mm 为最好。

    A. 5～10   B. 10～15

    C. 15～20   D. 20～25

解析：电解液高于极板高度如图所示。电解液液面过高，在车辆行驶过程中，电解液很容易从通气孔溢出而腐蚀极柱，造成极柱接触不良或早期损坏。

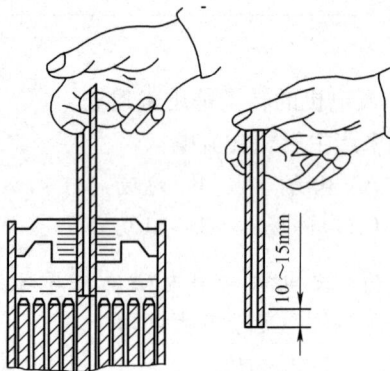

二、电源系统故障试题及解析

1. 蓄电池电量不足是由于（   ）。（多选题）

    A. 起动机有故障

    B. 蓄电池极板硫化

    C. 风扇皮带打滑

    D. 发电机有故障

    E. 电压调节器触点烧蚀

解析：发电机（含调节器）故障致充电不足或蓄电池本身故障，都会造成蓄电池电量不足。

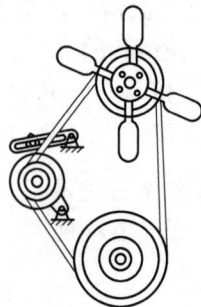

2. 造成汽车蓄电池极板硫化的原因主要有（　　　）。（多选题）

A. 电解液密度过小

B. 电解液面高度过高

C. 经常在电量不足的情况下使用

D. 长期不用的蓄电池没有定期充电

E. 在电解液温度高于45℃时，仍继续使用

已经出现硫化的极板

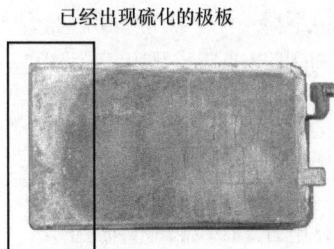

解析：高温、电量不足、长期不使用等都会造成极板硫化，电解液密度过高或缺少电解液也造成极板硫化。

3. 车用直流发电机不发电的原因是（　　　）。（多选题）

A. 磁极铁心无剩磁

B. 整流子接触不良

C. 磁线圈接反

D. 电枢接线柱搭铁

E. 磁场线圈短路

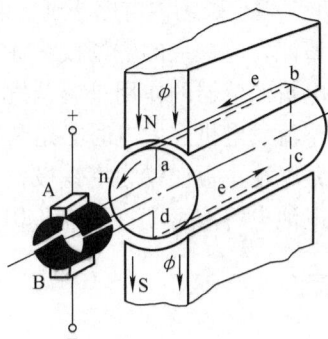

发电机模型

解析：发电机的作用是发电，当出现不能建立磁场、传动带松动、整流器有故障等现象时都会致使其不发电。

三、电源系统拓展练习

（一）选择题

1. 汽车用交流发电机所使用的调节器按照工作原理可分为（　　　）。（多选题）

A. 晶体管调节器　　B. 集成电路调节器　　C. 电脑控制调节器　　D. 内搭铁调节器

E. 外搭铁调节器

2. 关于三相硅整流发电机，下列说法正确的是（　　　）。（多选题）

A. 转子的作用是产生旋转磁场

B. 三相定子的作用是切割转子磁场产生三相交流电

C. 通常采用三相桥式电路来对三相交流电整流

D. 整流器中可以全部采用正极二极管

E. 电刷的作用是引入励磁电流，流至固定的转子

3. 蓄电池电解液液面低于规定标准时，一般应补加（　　　）。（多选题）

A. 井水　　　　　　B. 电解液　　　　　　C. 稀硫酸　　　　　　D. 蒸馏水

E. 纯净水

4. 使发电机有稳定的电压，主要是使用调节器调整（　　）的电流大小。

　　A. 转子　　　　　　　　B. 定子　　　　　　　　C. 整流管　　　　　　　　D. 电枢

5. 蓄电池在放电过程中，电解液的密度应该（　　）。

　　A. 下降　　　　　　　　B. 上升　　　　　　　　C. 不变　　　　　　　　D. 以上都不对

6. 发动机起动后，蓄电池端电压为11.5V，说明（　　）。

　　A. 蓄电池损坏　　　　　　　　　　　　B. 蓄电池有单格损坏

　　C. 蓄电池存电不足　　　　　　　　　　D. 发电机不充电

7. 可以造成汽车蓄电池电量不足的原因是（　　）。（多选题）

　　A. 电压调节器调整不当　　　　　　　　B. 风扇传动带打滑

　　C. 蓄电池极板硫化　　　　　　　　　　D. 调节器没有接地

　　E. 蓄电池接线柱腐蚀

（二）判断题

1. 检查电路故障时，如果磁场外电路无故障，就将外磁场线拆下，并在磁场接柱上刮火，有火花，表示磁场内电路不通，若无火花表示磁场外电路不通。（　　）

2. 硅整流发电机上的磁场接线柱"E""F"，"E"表示磁场，"F"为搭铁。（　　）

3. 发电机调节器的作用是调节发动机的电流，以使向蓄电池进行可靠地充电。（　　）

4. 硅整流发电机在发电时必定是处于自励状态。（　　）

5. 当蓄电池正板误错为搭铁极，则发电机会立即烧毁而损坏。（　　）

6. 蓄电池电解液密度每下降 0.01g/cm^3，表示其容量约上升8%的额定容量。（　　）

参考答案

一、电源系统原理试题及解析

1. B　2. B　3. B　4. A　5. B　6. B

二、电源系统故障试题及解析

1. BCDE　2. CDE　3. ABCDE

三、电源系统拓展练习

（一）选择题：1. ABC　2. ABC　3. DE　4. B　5. A　6. C　7. ABCDE

（二）判断题：1. ×　2. ×　3. ×　4. ×　5. √　6. ×

第四章

维 修 基 础

第一节　机 械 基 础

一、机械制图基本原理试题及解析

1. 在平面图形的尺寸分析中，把确定形体之间相对位置的尺寸称为（　　）。

    A. 定形尺寸　　　B. 总体尺寸

    C. 定位尺寸　　　D. 基准尺寸

解析：定形尺寸是指确定平面图形上几何元素形状大小的尺寸。定位尺寸是指确定各几何元素相对位置的尺寸。标注尺寸的起点称为尺寸基准，简称基准。

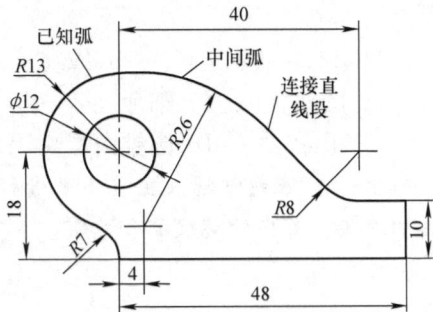

2. 在绘制零件的三视图中，其主、左视图应保持（　　）。

    A. 长对正　　　B. 高平齐

    C. 宽相等　　　D. 相一致

解析：三视图的投影规律：主、俯视图"长对正"；主、左视图"高平齐"；俯、左视图"宽相等"。

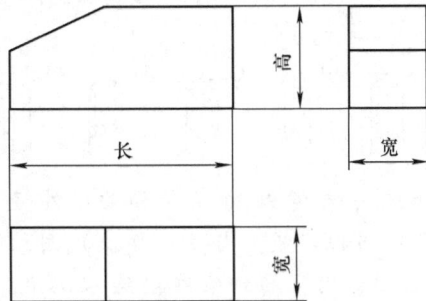

3. 下列正确描述左图中螺栓的是（　　）。

    A. 螺栓头上的数字是指螺纹的牙距

    B. 螺栓头上的数字是指螺纹的长度

    C. 螺栓头上的数字是指螺栓的拧紧扭力

    D. 螺栓头上的数字是指螺栓的抗拉强度

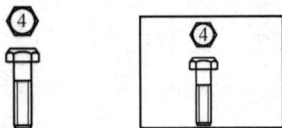

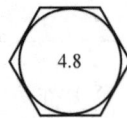

"·"前数字部分表示公称抗拉强度。

如4.8级的"4"表示公称抗拉强度为4×100=400MPa。

"·"和点后数字部分的含义表示屈强比，即公称屈服点或公称屈服强度与公称抗拉强度之比。

如4.8级产品的屈强比为0.8，公称屈服强度为0.8×400=320MPa。

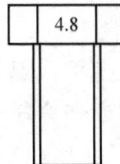

4. 图中数字含义为（　　）。

A. 螺距　　　B. 螺栓的拧紧方向

C. 扭力值　　D. 材料的抗拉强度等级

解析：一般螺栓上能看到的数字代表螺栓强度等级，表示公称抗拉强度。数字越大，强度越高。4 代表 $4 \times 100 = 400MPa$，指螺栓的抗拉强度为 $400MPa$。

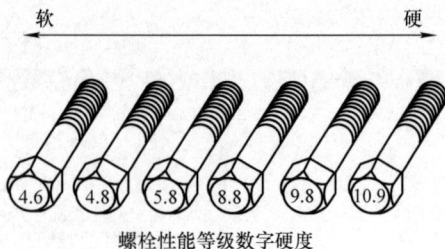

软　　　　　　　　　　　　　　　硬

螺栓性能等级数字硬度

5. "Rc1/8" 表示是（　　）螺纹。

A. 圆柱　　　　　B. 细牙

C. 粗牙　　　　　D. 圆锥内螺纹

解析：55°密封管螺纹主要用来进行管道的连接，其内外螺纹配合紧密。

尺寸代号	每 25.4mm 内所包含的牙数 n	螺距 p /mm	基准平面内的基本直径/mm	
			大径/d	小径/d_1
Rc1/16	28	0.907	7.723	6.561
Rc1/8	28	0.907	9.728	8.566
Rc1/4	19	1.337	13.157	11.445
Rc3/8	19	1.337	16.662	14.95
Rc1/2	14	1.814	20.955	18.631

6. 下列螺纹的画法哪几个不正确？

（　　）（多选题）

A.　　B.　　C.　　D.　　E.

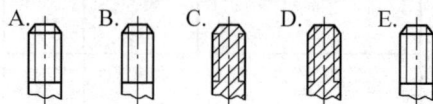

解析：外螺纹的规定画法：外径（牙顶）用粗实线，内径（牙底）用细实线表示；内径的细实线要绘入倒角；螺纹终止线绘粗实线；剖面线绘到粗实线为止。

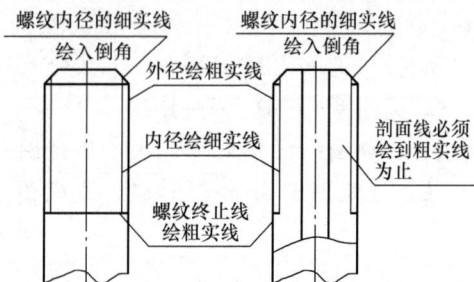

螺纹内径的细实线绘入倒角　　　　螺纹内径的细实线绘入倒角

外径绘粗实线

内径绘细实线

螺纹终止线绘粗实线

剖面线必须绘到粗实线为止

7. 在绘制齿轮剖视图中，轮齿部分按不剖处理，齿根线应用（　　）。

A. 粗实线　　　B. 细实线

C. 虚线　　　　D. 点画线

解析：齿轮的剖视图中，齿根线画粗实线；齿顶圆画粗实线；轮齿部分不画剖面线。

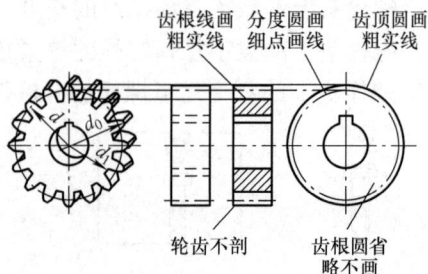

齿根线画粗实线　分度圆画细点画线　齿顶圆画粗实线

轮齿不剖　　　　齿根圆省略不画

8. 剖视图中常用剖切面的形式中，采用两个相交平面剖开零件绘制视图的方法称（　　）。

    A. 半剖　　　　　B. 局部剖

    C. 阶梯剖　　　　D. 旋转剖

解析：剖视图可分为全剖视图、半剖视图和局部剖视图三种。常用剖切面的形有单一剖切面、几个平行的剖切面（阶梯剖）、两相交的剖切平面（旋转剖）。

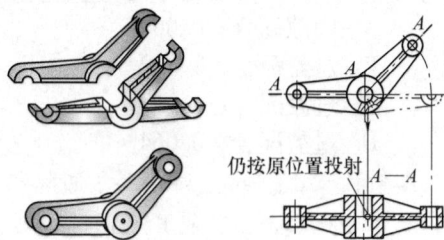

仍按原位置投射

$A—A$

9. 尺寸公差等于上极限偏差减去下极限偏差的代数差。（　　）（判断题）

解析：允许尺寸的变动量称为尺寸公差，简称公差（即上极限偏差与下极限偏差之差）。

孔公差：$T_D = D_{max} - D_{min} = ES - EI$

轴公差：$T_d = d_{max} - d_{min} = es - ei$

公差值永远为正值。

ES—上极限偏差　　EI—下极限偏差

10. 当采用基孔制时，基准孔的基本偏差为 H，基本偏差（下极限偏差）为零，轴的基本偏基在（　　）之间为间隙配合。

    A. a～h　　　　B. j～n

    C. p～zc　　　　D. m～y

解析：基准孔和基准轴与各种非基准件配合时，得到各种不同性质的配合，如：A～H 和 a～h 与基准件配合，形成间隙配合；J～N 和 j～n 与基准件配合，基本上形成过渡配合；P～ZC 和 p～zc 与基准件配合，基本上形成过盈配合。

11. 下列配合为基孔制的是（　　）。

    A. $\phi 25f8/h5$　　　B. $\phi 25H7/e6$

    C. $\phi 25M6/t5$　　　D. $\phi 25N8/m6$

解析：基孔制的基本偏差即下极限偏差为零（即它的下极限尺寸等于公称尺寸），上极限偏差为正值，其公差带在零线上侧。基轴制的基本偏差即上极限偏差为零，下极限偏差为负值，其公差带在零线下侧。

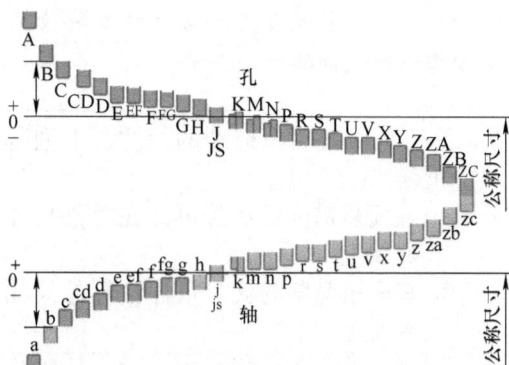

基孔制的标注形式：

$$公称尺寸 = \frac{基准孔的基本偏差代号（H）公差等级代号}{配合轴基本偏差代号　公差等级代号}$$

12. $\phi 20^{+0.039}_{0}$ 的孔与 $\phi 20^{-0.025}_{-0.050}$ 的轴相配，它的配合类别是_____，配合公差是_____。

    A. 间隙配合；0.064

    B. 过盈配合；0.039

    C. 过渡配合；0.039

    D. 过盈配合；0.064

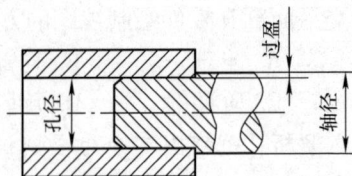

解析：当 $\phi_孔 \geq \phi_轴$ 时，属于间隙配合。当 $\phi_孔 \leq \phi_轴$ 时，属于过盈配合；可能具有间隙或过盈的配合称为过渡配合。孔公差与轴公差之和为配合公差。

13. 下列符号表示形状公差的是（　　）。

    A. ◎　B. ⊥　C. //　D. ▱

解析：形状公差就是单一实际要素的形状所允许的变动全量。形状公差表示符号如图示。

分类	名称	符号
形状公差	直线度	—
	平面度	▱
	圆度	○
	圆柱度	⌖
	线轮廓度	⌒
	面轮廓度	⌒

14. 下列属于位置公差的有（　　）。（多选题）

    A. 平行度　　B. 平面度　　C. 圆度

    D. 同轴度　　E. 圆跳动

解析：位置公差就是关联实际被测要素的位置，对于基准所允许的变动全量。

分类	分类	名称	符号
位置公差	定向	平行度	//
		垂直度	⊥
		倾斜度	∠
	定位	同轴度	◎
		对称度	≡
		位置度	⊕
	跳动	圆跳动	↗
		全跳动	⤴

15. 关于零件表面粗糙度的标注，下列哪种说法不正确？（　　）

    A. 表面粗糙度的代号可注在零件尺寸界线上

    B. 表面粗糙度的代号可注在零件尺寸界线延长上

    C. 对零件各表面粗糙度，没有特殊要求的，可以统一标注在图纸的右下角

    D. 对零件轮廓线上未标注代号的表面，加工上可不做要求

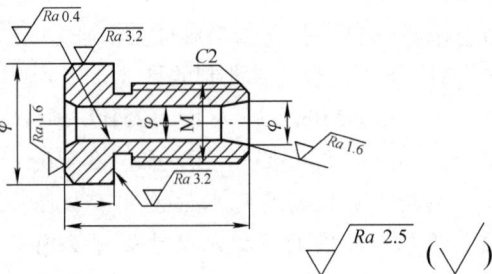

解析：表面粗糙度代号一般标注在可见轮廓线、尺寸界线、引出线或它们的延长线上。当零件所有或大部分表面粗糙度要求都相同时，其代号可在图样的右下角统一标注。对于未标注代号的表面，应根据零件的实际用途加工。

16. 在零件中标有的表面粗糙度符号中，其中数字 2.8 是表示轮廓算术平均偏差 Ra 的极限值（μm）。（　　）（判断题）

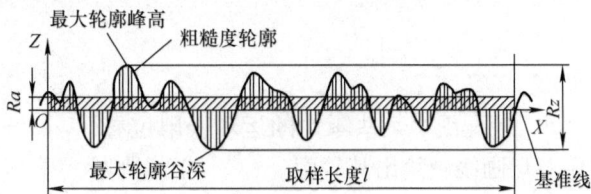

解析：表面粗糙度的评定参数：轮廓算术平均偏差 Ra；轮廓最大高度 Rz。Ra 能客观地反映表面微观几何形状的特征。

17. 一张完整的零件图具有下列内容（　　）。（多选题）

　　A. 一组图形　　B. 装配位置说明

　　C. 标题栏　　　D. 尺寸标注

　　E. 技术要求

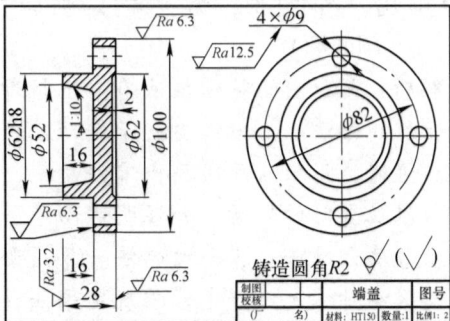

解析：一张完整的零件图包括的内容有一组图形、完整的尺寸、技术要求、标题栏。

18. 装配图中说明装配体在装配、检验及操作时的要求是（　　）。

　　A. 装配要求　　B. 检验要求

　　C. 使用要求　　D. 尺寸要求

解释：装配图中的技术要求（检验要求）是用文字或符号来说明装配体在装配、检验、调试和使用等方面所需达到的要求。

技术要求

1. 齿轮安装后用手转动齿轮轴时，应灵活。
2. 两齿轮轮齿的啮合面应占齿长的 3/4 以上。

齿轮装配图截图

19. 在装配图绘制中，表达相邻两个零件的接触面表面或配合表面时，规定在接触处只（　　）。

　　A. 画两条轮廓线　　　　B. 画一条轮廓线

　　C. 扩大画成各自的轮廓线　D. 画成虚线

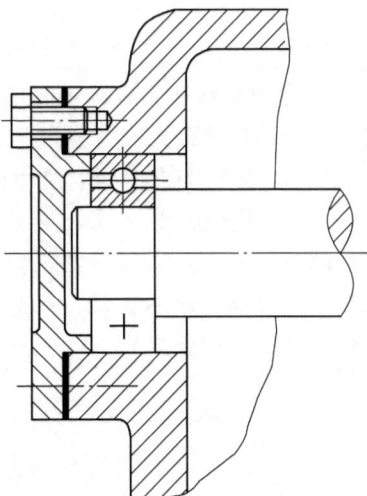

解析1：装配图的画法规定：相邻两零件间的接触面和基本尺寸相同的配合面只画一条线；不接触的表面和非配合表面即使间隙很小也要画两条线。

解析2：相邻两零件的剖面线可用方向相反，或方向一致而间隔不等或错开等方法来加以区别。

20. 装配图中某些零件的运动极限位置，常用双点画线画绘出其轮廓。（　　）（判断题）

21. 装配图中的滚动轴承和油封等，允许只画出一半图形，另一半只画轮廓。（　　）（判断题）

解析： 装配图的特殊画法有：①拆卸画法。②假想画法。如当需要表示运动零件的极限位置时，用双点画线画出零件的某个或某些极限位置时的轮廓，并注明运动范围的尺寸。③展开画法。④夸大画法。⑤简化画法。如滚动轴承允许一半采用规定画法，另一半采用通用画法。

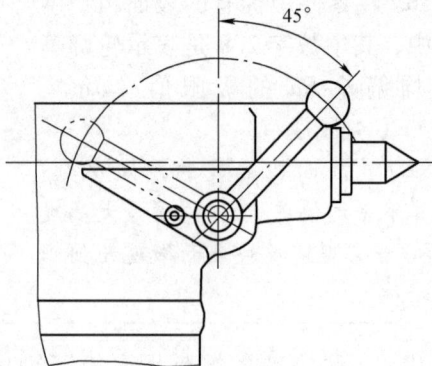

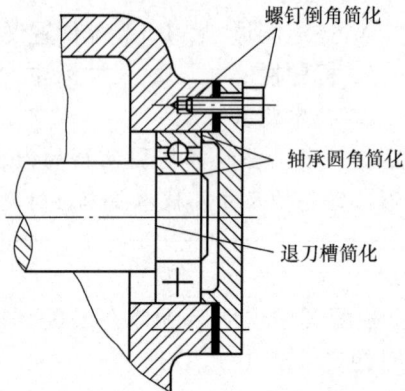

二、金属工艺基础知识试题及解析

1. 金属材料在无数次重复的交变载荷作用下不致破坏的最大应力称为（　　）。

A. 破坏极限　　B. 抗力极限

C. 疲劳极限　　D. 强度极限

解析： 当应力低到一定值时，材料可经无限次应力循环而不失效，此应力即为疲劳极限（亦叫疲劳强度）。

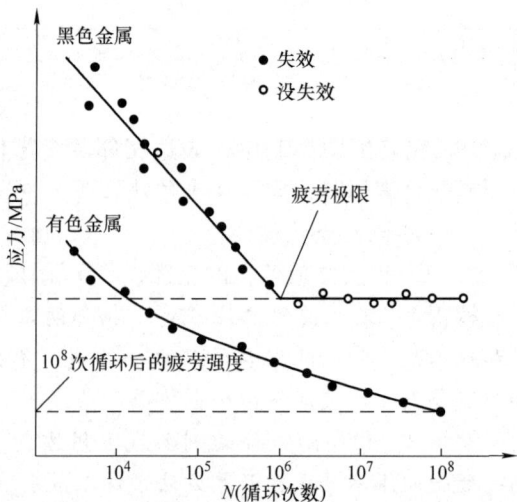

2. 安全系数是材料的一个（　　）储备
系数。

　　A. 安全

　　B. 极限应力

　　C. 强度

　　D. 破坏

解析：材料丧失正常工作时的应力称为极限
应力。极限应力与许用应力之比，叫作安全系数，
其值大于1。

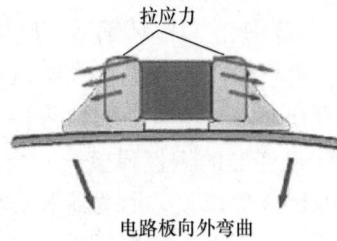

拉应力

电路板向外弯曲

3. 将淬火后的钢加热到不超过727℃进
行保温，而后冷却下来的热处理操作方法称
为（　　）。

　　A. 退火　　　　B. 正火

　　C. 再淬火　　　D. 回火

解析：退火、正火、淬火和回火的区别
如图所示。注意727℃是钢的内部组织珠光
体向奥氏体开始转变的温度。

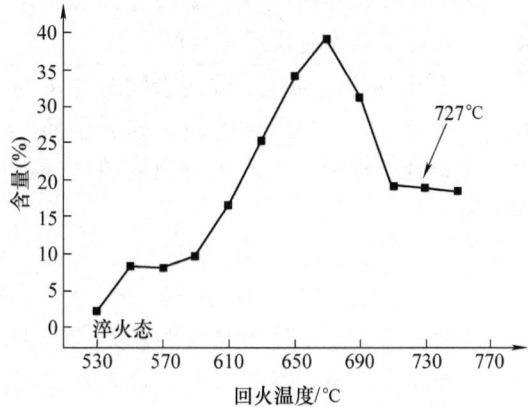

727℃

淬火态

回火温度/℃

4. 在生产中通常把金属零件淬火加高温回火
称为（　　）处理。

　　A. 时效　　　B. 调质

　　C. 回火　　　D. 退火

解析：一般把淬火和高温回火叫调质处理，
用于重要的零件如轴、齿轮、连杆和螺栓。

5. 将淬火后的钢件加热到临界温度以下所需
的温度，再经保温一段时间后，放在油中或空气
中冷却的过程称为退火。（　　）（判断题）

解析：退火是把钢加热到适当的温度，经过
一定时间的保温，然后缓慢冷却（一般为随炉冷
却），以获得接近平衡组织的热处理工艺。

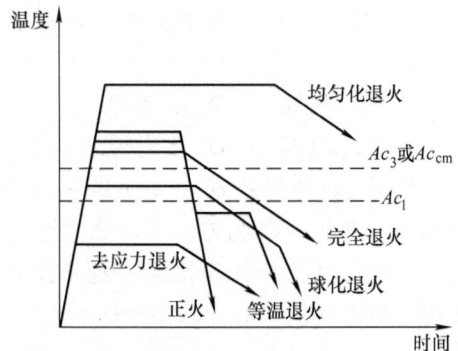

温度

均匀化退火

Ac_3或Ac_{cm}

Ac_1

去应力退火

完全退火

球化退火

正火

等温退火

时间

6. 下列属于有色金属的（　　）。（多选题）

　　A. 碳钢　　　B. 灰口铸铁

　　C. 合金钢　　D. 铸铝　　E. 锌

解析：金属材料分为黑色金属（即钢铁材料）和有色金属（有称非铁金属）。

铸铁零件　　　　钢材质零件

7. 对于已变形的钢板弹簧，不能单纯地在冷态下进行整形修复，因为这种方法只能保证几何尺寸，而不能恢复钢板的弹性，所以，必须重新进行热处理，才能恢复原有的弹性性。（　　）（判断题）

解析：校正弹簧钢板，需经过正火、淬火、回火处理等才能恢复其性能。

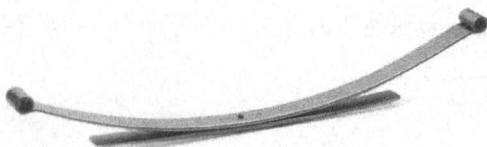

8. 利用加热或加压，或两者同时并用的方法，使两个以上的工件的原子或分子间产生相互结合而形成一个不可分离的整体的过程称为（　　）。

　　A. 铸造　　　　B. 锻造

　　C. 冲压　　　　D. 焊接

解析：焊接是通过加热或加压，或两者并用，并且用或不用填充材料，使工件达到结合的一种方法。

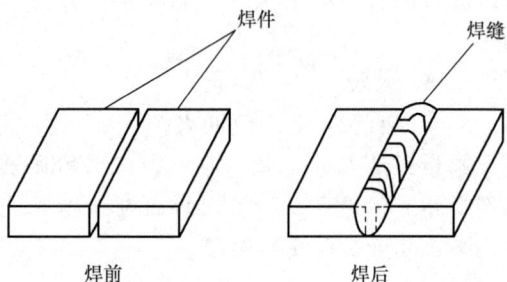

焊件　　　　　焊缝

焊前　　　　　　焊后

9. 在焊接中，对金属只加热不加压的焊接方法称为（　　）。

　　A. 熔焊　　　　B. 压焊

　　C. 钎焊　　　　D. 锡焊

解析：熔焊是将要焊接的工件局部加热至融化，不加压力，冷凝后形成焊缝而使构件连接在一起的加工方法，例如手工电弧焊。

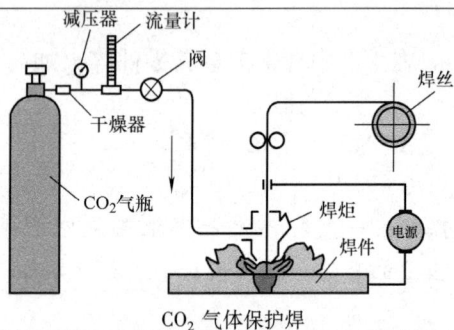

减压器　流量计

阀　　　　　焊丝

干燥器

CO_2 气瓶　　　焊炬

焊件　　电源

CO_2 气体保护焊

10. 在焊接中，需要加热、加压的焊接方法称为（　　）。

　　A. 气焊　　　B. 电弧焊

　　C. 电焊　　　D. 压力焊

解析：压力焊是在焊接过程中必须要施加压力，可能加热也可能不加热才能完成的焊接，包括电阻焊、摩擦焊、超声波焊、冷压焊、爆炸焊、扩散焊、磁力焊。

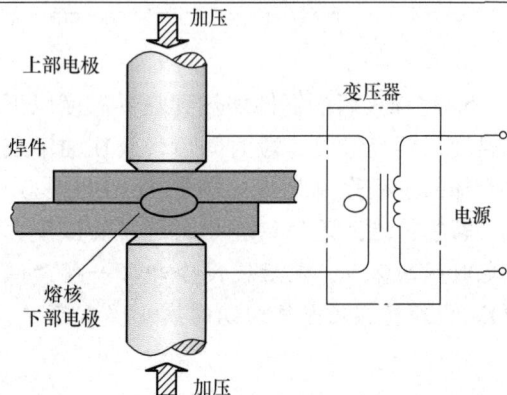

加压

上部电极　　　　　　变压器

焊件

电源

熔核

下部电极

加压

三、传动基础知识试题及解析

1. 单位面积所承受的液体作用力称为液体的（　　）。

    A. 压强   B. 压力

    C. 载荷   D. 荷压

解析：在液体的内部存在由液体本身的重力而引起的压强，在液体容器底、内壁、内部中，由液体所产生的压强称为液体压强，简称液压，$P = F/S$。

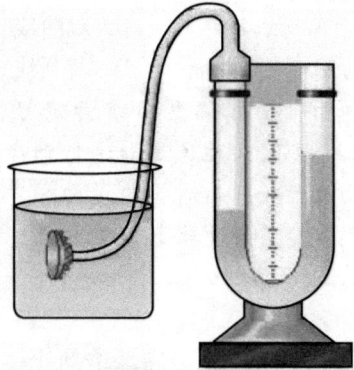

2. 如图所示为两个相互联通的液压缸，$D = 100$mm、$d = 20$mm，$G = 5000$N，则 F 等于（　　）牛顿时才能维持系统平衡。

    A. 5000   B. 1000   C. 200   D. 2000

解析：帕斯卡定律：加在密闭液体上的压强，能够大小不变地由液体向各个方向传递，因此可得 $F = Gd^2/D^2 = 5000\text{N} \times (20\text{mm}^2/100\text{mm}^2)\,\text{N} = 200\text{N}$。

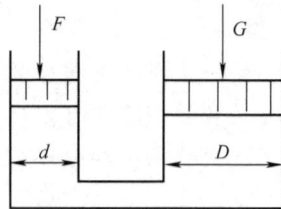

3. 实际输出功率与理论输入功率之比称为（　　）效率。

    A. 理论   B. 机械

    C. 实际   D. 可比

解析：有用功跟总功的比值叫机械效率。如图中重 700N 的重物 G，需要 200N 的力移到高 1m、长 5m 的斜坡，则机械效率 η 为 70%。

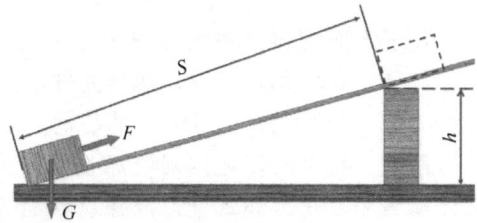

$F=200$N $S=5$m $G=700$N $h=1$m

$\eta = 700 \times 1 \div (200 \times 5) = 70\%$

4. 渐开线齿轮上的（　　）指作用力的方向与运动方向所夹的锐角。

    A. 啮合角   B. 压力角

    C. 传动角   D. 齿顶角

解析：当直线 NK 沿一圆周作纯滚动时，直线上任意一点 K 的轨迹称为该圆的渐开线。标准齿轮的压力角 $\alpha_K = 20°$。

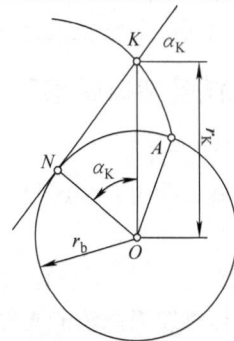

KN 为发生线，KA 为渐开线，α_K 为压力角

5. 为了提高齿轮的弯曲强度，提高车辆高速稳定性，主传动齿轮采用（ ）齿轮。

A. 弧齿锥　　　　B. 双曲线

C. 准双曲面　　　D. 渐开线

解析：轴线偏置的锥齿轮习惯上称为"双曲线齿轮"，主减速器主传动齿轮常采用准双曲线齿轮，这种齿轮运转噪声小，工作更平稳，轮齿强度较高。

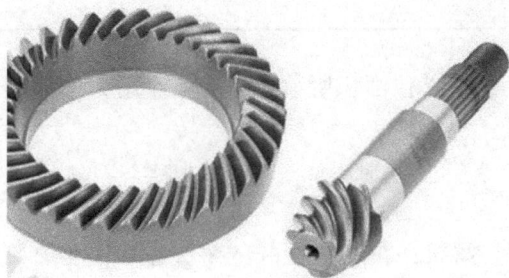

6. 一对齿轮不能满足传动比要求，要采用（ ）传动才能满足要求。

A. 多齿轮　　　　B. 轮系

C. 多轴　　　　　D. 定轴

解析：由一系列相互啮合的齿轮组成的传动系统称为轮系。轮系可以实现相距较远的传动，实现变速换向和分路传动，获得大传动比。

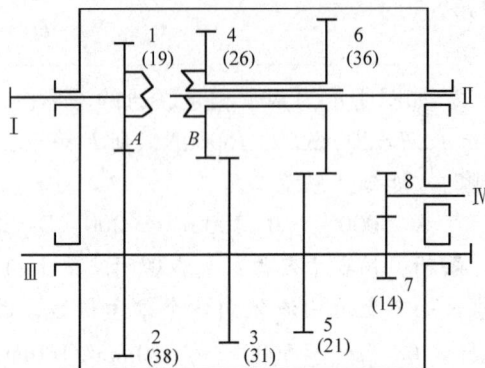

7. 液压阀是液压系统中的（ ）。

A. 动力元件　　　B. 执行元件

C. 控制元件　　　D. 辅助装置

解析：控制元件是控制液压系统中油液的流动方向、压力和流量，以保证执行元件完成预期的工作运动的元件，如汽油回路中的压力调节器。

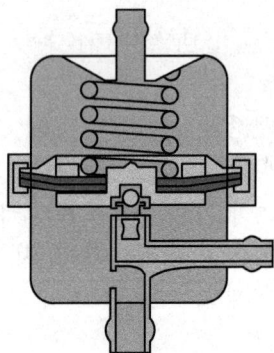

四、机械基础拓展练习

（一）单项选择题

1. 在机械制图中，利用投影方向（投影线）均垂直投影面投影，在投影面上得到的零件图形是（ ）。

A. 视图　　　　　B. 影相图　　　　　C. 投影图　　　　　D. 透视图

2. 轴端外螺纹简画法的画线使用要求是（ ）。

A. 外粗内细　　　B. 外细内粗　　　C. 外虚内粗　　　D. 外粗内虚

3. 在装配图表达中，对相邻零件的剖面线的倾斜方向应该（ ）。

  A. 相同   B. 相反   C. 平行   D. 随意

4. 下列符号表示位置公差的是（ ）。

  A. ◎   B. ⌀   C. △   D. ○

5. 表示对 A 基准圆跳动不大于 0.03mm 的形位公差标注是（ ）。

A.

| /○/ | 0.05 | A |

B.

| ◎ | 0.05 | A |

C.

| —— | 0.05 | A |

D.

| / | 0.03 | A |

6. 基本偏差是确定公差带相对于零线位置上的上极限偏差或下极限偏差，一般为靠近（ ）的那个极限偏差。

  A. 上偏线   B. 零线   C. 下偏线   D. 公差带

7. 下列极限偏差代字中表示孔的上极限偏差的是（ ）。

  A. EI   B. ei   C. ES   D. es

8. 给定同一轴的四个加工工艺尺寸，精度等级最高的是（ ）。

  A. $\phi25\ ^{+0.05}_{-0.03}$ B. $\phi25\ ^{-0.02}_{-0.04}$ C. $\phi25\ ^{+0.03}_{-0.01}$ D. $\phi25\ ^{+0.02}_{-0.01}$

9. 在加工轴 $\phi85\ ^{+0.05}_{-0.01}$ 的 100 件产品中，抽测其中 4 件实际尺寸如下，上极限尺寸是（ ）。

  A. $\phi85.00$ B. $\phi84.99$ C. $\phi85.02$ D. $\phi85.03$

10. 国家标准中，孔和轴的每一基本尺寸段规定了多少种基本偏差（ ）。

  A. 30   B. 28   C. 32   D. 20

11. 在标注 25H7/Y6 的孔和轴装配图中，其轴的基本偏差为（ ）。

  A. H   B. H7   C. Y   D. Y6

12. 下列表示基孔制过盈配合的是（ ）。

  A. $\phi15H5/n4$ B. $\phi15H5/K6$ C. $\phi15H5/t7$ D. $\phi15H5/h6$

13. 在标准 $\phi35H7/g6$ 的孔和轴装配图中，其轴的基本偏差代号为（ ）。

  A. H   B. H7   C. g   D. g6

14. 铸铁弯曲后，其冷较量为弯曲量的（ ）。

  A. 5 ~ 10 倍 B. 10 ~ 15 倍 C. 20 ~ 30 倍 D. 30 ~ 40 倍

15. 利用加热或加压，或两者同时并用的方法，使两个以上的工件的原子或分子间产生相互结合而形成一个不可分离的整体的过程称为（ ）。

  A. 铸造   B. 锻造   C. 冲压   D. 焊接

16. 在焊接中对金属只加热不加压的焊接方法称为（ ）。

  A. 气焊   B. 电弧焊   C. 电焊   D. 压焊

17. 实际输出功率与理论输入功率之比称为（ ）效率。

  A. 理论   B. 机械   C. 实际   D. 可比

18. 在液压系统中，传递压力是依靠（ ）。

  A. 容积大小 B. 油液内部压力 C. 液压泵   D. 执行元件

19. 基本尺寸相同的孔和轴共有的（ ）来传递能量和动力的。

    A. 压力　　　　　　B. 容积　　　　　　　C. 运动　　　　　　　D. 黏度

20. M16×1 表示（　　　）。

    A. 普通粗牙螺纹　B. 普通细牙螺纹　　C. 短螺纹　　　　　　D. 梯形螺纹

（二）多项选择题

汽车活塞头部尺寸 $\phi 101_{-0.22}^{+0.04}$ mm，下列说法正确的是（　　　）。

A. 基本尺寸为 $A = 101$ mm　　　　　　　B. 上极限尺寸 $A_{max} = 101.04$ mm

C. 下极限尺寸为 $A_{min} = 100.78$ mm　　　D. 上极限偏差 $\sigma_{上} = +0.04$

E. 下极限偏差 $\sigma_{下} = -0.22$

（三）判断题（正确的填空"√"，错误的填"×"）

1. 零件图绘制比例就是按照一定比例将实物零件尺寸放大或缩小。（　　　）

2. 垂直于投影面的平面，其视图依然是平面。（　　　）

3. 轴承外圈与座孔是基孔制相配合。（　　　）

4. 形状公差是指零件的关联形状相对于理想形状的允许变动量。（　　　）

5. 任意组成的两个或多个回转面（圆柱面、圆锥面等）的轴线处于重合的状态称为同轴度。（　　　）

6. 平键和半圆键的侧面是工作面，其底面与轴接触，均应画一条线。（　　　）

7. 装配图中的装配尺寸是表示机器或部件之间的装配关系和相互位置的尺寸。（　　　）

8. 在装配图中，标有 $\phi 80H9/f9$ 的孔和轴为基轴制间隙配合，公差等级为 IT9 级。（　　　）

9. 在绘制零件图时，零件的每一尺寸，一般只标注一次，并应标注在主视图上。（　　　）

参考答案

一、机械制图基本原理试题及解析

1. C　　2. B　　3. D　　4. D　　5. D　　6. BC　　7. A　　8. D　　9. ×　　10. A　　11. B　　12. A　　13. D　　14. ADE　　15. D　　16. √　　17. ACDE　　18. B　　19. B　　20. √　　21. √

二、金属工艺基础知识试题及解析

1. C　　2. B　　3. D　　4. B　　5. ×　　6. DE　　7. √　　8. D　　9. A　　10. D

三、传动基础知识试题及解析

1. A　　2. C　　3. B　　4. B　　5. C　　6. B　　7. C

四、机械基础拓展练习

（一）单项选择题：1. A　　2. A　　3. B　　4. A　　5. D　　6. B　　7. C　　8. B　　9. D　　10. B　　11. C　　12. B　　13. C　　14. B　　15. B　　16. A　　17. C　　18. B　　19. C　　20. B

（二）多项选择题：ABCDE

（三）判断题：1. √　　2. √　　3. ×　　4. √　　5. √　　6. √　　7. √　　8. ×　　9. ×

第二节 生产管理

一、汽修生产管理试题及解析

1. 组织汽车修理生产，选择（ ）生产较为合理，便于管理，利于提高质量和效率，降低成本。

    A. 批量化   B. 专业化

    C. 承包制   D. 责任制

解析：专业分工作业法是将汽车修理作业，按工种、部位、总成、组件或工序，划分成若干个作业单元，每个单元的修理工作由固定的一个或几个工人专门负责完成。

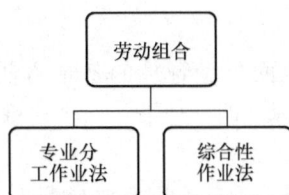

2. 修理厂生产管理工作主要包括（ ）等（多选题）。

    A. 劳动管理   B. 人事管理

    C. 技术管理   D. 设备管理

    E. 财务管理

解析：车间生产管理的主要内容有生产调度、质量技术管理、设备管理、车间现场管理、安全生产、班组作业。

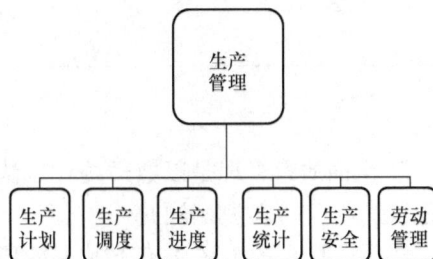

3. 为加强汽车修理厂管理，厂里应根据生产规模和实际需要设置生产、技术、检验、供销等科，分别在厂长及总工程师领导下展开工作。（ ）（判断题）

解析：汽车修理厂管理设置如图所示。

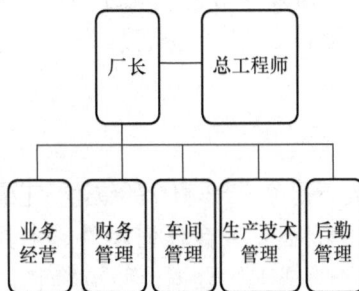

4. 对某种产品不仅包括对其性能、寿命、可靠性、安全性等方面的管理，而且包括对其数量、价格、交货期、售后服务及满足用户要求等各方面的质量管理，称为（ ）。

    A. 全过程管理   B. 全方位管理

    C. 全员管理   D. 全面质量管理

解析：全面质量管理涵盖如图所示。

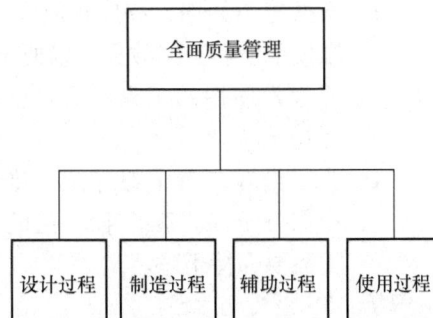

5. 全面质量管理（TQC）就是企业内全员全过程的质量管理。（　　）（判断题）

解析：全面质量管理的基本特点是全过程的、全员的、全组织的、管理方法多样化。

全面质量管理"三全一多样"
- 全员
- 全过程
- 全组织
- 管理方法多样

6. 全面质量管理的基本方法可概括为："一个过程、四个环节、八个步骤"。（　　）（判断题）

解析：全面质量管理的基本步骤为四个阶段（计划、实施、检查、处理，简称PDCA）、八个步骤。

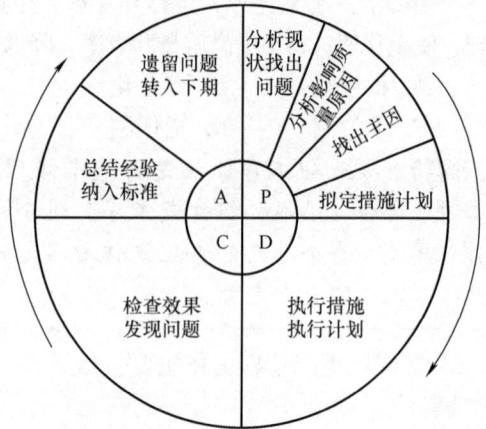

7. 全面质量管理是以数理统计方法为基本手段。（　　）（判断题）

解析：TQC基本方法有PDCA循环法和数理统计法。最常用的数理统计分析方法有排列图、因果分析图、直方图、分层图、相关图、控制图及统计分析表等。

质量统计工具	
老七种工具	新七种工具
调查表	关联图
排列图	系统图(树图)
因果图	亲和图(KJ法、A型图解)
分层图	PDPC法(过程决策图法)
直方图	矩阵图
控制图	矩阵数据分析法
散布图	矢线图

8. 下列关于5S概念的叙述，正确的是（　　）

A. 不要丢弃任何零件、工具、维修手册或工作数据，而应将它们保存在某个地方。

B. 根据使用频率，有序存放零件、工具、维修手册和工作数据，以便于使用。

C. 不经常使用的工具和测量仪器不需要保持干净。

D. 为了给客户留下好印象，维修接待区应保持干净。客户看不见的工作场所不需要保持干净。

解析：5S含义见右图。

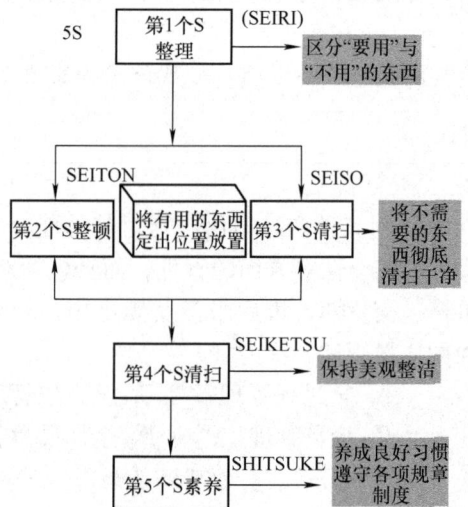

9. 1998 年深圳市要求 1995 年 7 月以后生产的轻型车尾气排放的标准为（　　）。

  A. CO≤4.5%，HC≤900PPM⊖

  B. CO≤5%，HC≤1200PPM

  C. CO≤5%，HC≤900PPM

  D. CO≤4.5%，HC≤1200PPM

解析：汽油车废气主要污染物：CO、HC、NO_x。1995 年 7 月 1 日前生产的轻型车：CO≤4.5%、HC≤1200PPM。1995 年 7 月 1 日起生产的轻型车：CO≤4.5%、HC≤900PPM。

10. 1998 年深圳市要求 1995 年 7 月以后生产的柴油车的尾气标准为（　　）

  A. FSN≥5.0Rb B. FSN≥4.5Rb

  C. FSN≤4.5Rb D. FSN≥4.0Rb

解析：烟度是一定容量的排气所透过滤纸的黑度。滤纸被染黑的程度用数量表示，称为 FSN，是没有量纲的数值，又称波许（Bosch）烟度单位，用 Rb 表示。1995 年 7 月 1 日起至 2001 年 9 月 30 日期间生产的在用汽车，所测得的烟度值应不大于 4.5Rb。

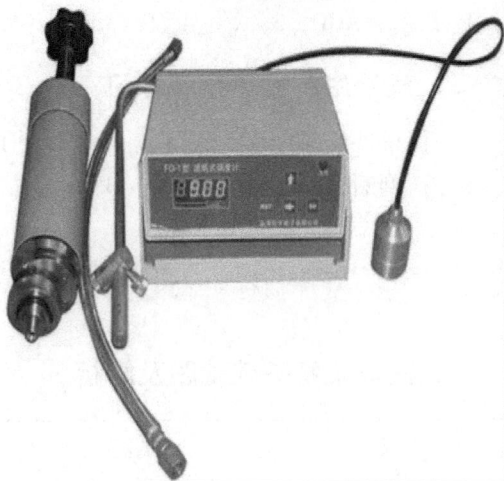

二、汽修生产管理拓展练习

（一）单选题

1. 为了全面衡量汽车维修企业的质量状况，需要按照汽车维修（　　）进行考核。

  A. 行业标准   B. 管理标准   C. 质量标准   D. 客户反映

2. 全面质量管理的英文缩写是（　　）。

  A. TQC   B. CQT   C. QCT   D. TCQ

3. 全面质量管理即全员参加质量管理，全过程实行质量控制，全部工作纳入质量第一轨道，全面实现高产、优质、低成本、高效益的经济效果，其特点概括起来就是一个（　　）字。

  A. 优   B. 高   C. 全   D. 管

4. 全面质量管理的宗旨是（　　）。

  A. 高产、优质 B. 充分发挥专业技术和管理技术的作用

  C. 取得高效益的成果 D. 为用户提供满意的产品和技术

⊖ PPM = 10^{-6}。

5.（　　）是柴油机排放的主要有害成分之一。

  A. CO   B. HC   C. NO_x D. 炭烟

（二）判断题（正确的填空"√"错误的填"×"）

1. 全面质量管理的四个环节又称为 PDCA 循环。（　　）

2. 组织汽车修理生产，选择专业化生产较为合理。专业化即按客车、货车、专用车设置修理厂，柴油车较多的地区，应设置柴油机修理厂。（　　）

3. 一般年大修车辆数在 1000 辆以上的一类汽车修理厂，应设发动机、底盘、车身、修配和机修五个车间，以利于全面质量管理。（　　）

参考答案

一、汽修生产管理试题及解析

1. B 2. ACD 3. √ 4. D 5. × 6. √ 7. √ 8. B 9. A 10. C

二、汽修生产管理拓展练习

（一）单选题：1. A 2. A 3. C 4. D 5. D

（二）判断题：1. × 2. √ 3. √

第三节　汽 车 维 修

一、汽车维修基础试题及解析

1. 汽车的自然寿命也称（　　）寿命。

  A. 技术 B. 经济 C. 设计 D. 使用

解析：汽车的物理寿命，又称为自然寿命，也称技术寿命，是指汽车从全新状态投入生产开始，直到在技术上不能按原有用途继续使用为止的时间。

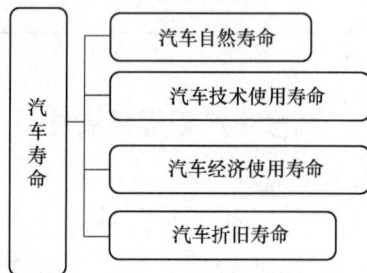

汽车寿命：汽车自然寿命、汽车技术使用寿命、汽车经济使用寿命、汽车折旧寿命

2. 汽车的（　　）性是指汽车在规定的条件下，规定的里程内，完成其功能的能力。

  A. 可靠 B. 寿命 C. 动力 D. 经济

解析：可靠性定义为：产品在规定条件下，在规定时间内，完成规功能的能力（四要素：产品、条件、时间、功能）。

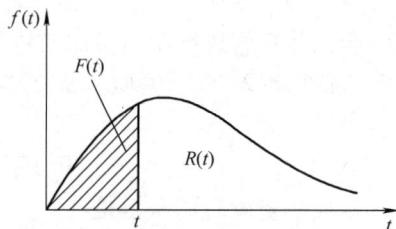

$f(t)$、$F(t)$、$R(t)$三者之间的关系

$R(t)$ ——可靠度 $F(t)$ ——失效度

$f(t)$ ——故障概率密度

3. 在汽车维修时，应正确执行安全操作规程，下列哪些不符合安全操作规程？（　　）（多选题）

    A. 拆卸汽车及总成零件时，不宜使用活动扳手或手锤

    B. 拆卸汽车前应进行清洗，清洗后将燃料及润滑油放出

    C. 车下作业时，不宜使用活动的卧板

    D. 未装好发动机罩前不准试车

    E. 试车应在交通不拥挤的道路上进行

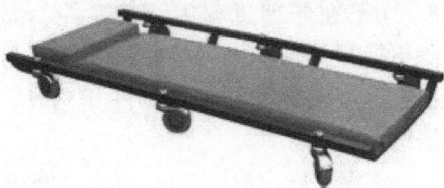

解析：拆卸汽车前应清洗外部，放出所有润滑油和冷却液；在车下作业时，不宜直接躺在地上，应尽量使用卧板；试车时应在专门的或指定的试车道路上进行。

4. 作为汽车修理企业如能做到拆卸机械化、检验工作仪器化、清洗作业专业化、零件和工具有指定存放地点，就达到了文明生产的要求。（　　）（判断题）

解析：文明生产的要求有：清洁卫生的工作场所；良好的生产次序；安全生产，控制污染；规范化操作等。

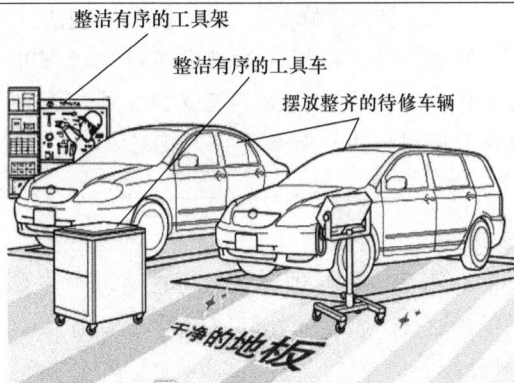

整洁有序的工具架
整洁有序的工具车
摆放整齐的待修车辆
干净的地板

5. 车辆维护可以分为（　　）等几类维护。（多选题）

    A. 日常　　B. 一级　　C. 二级

    D. 三级　　E. 四级

解析：我国现行的汽车维护制度以贯彻"预防为主，强制维护"的原则，取消了整车解体式的三级维护。

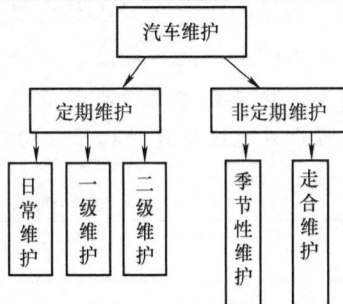

6. 车辆一级维护的中心作业内容是（　　）。（多选题）

    A. 检查　　B. 调整　　C. 清洁

    D. 润滑　　E. 紧固

解析：一级维护是除日常维护作业外，以清洁、润滑、紧固为作业中心内容。

维护种类	作业范围
日常维护	以清洁、补给和安全检视为中心内容。 ①坚持"三检"，在出车前、行车中、收车后检视车辆的安全机构及各部件连接的紧固情况。 ②保持"四清"，保持润滑油、空气、燃油滤清器和蓄电池的清洁。 ③防止"四漏"，防止漏油、漏水、漏气和漏电。
一级维护	除日常维护作业外，以清洁、润滑和紧固为主，并检查有关制动、操纵等安全部件。

7. 汽车修理可分为（　　）类型。（多选题）

    A. 车辆大修　　　B. 总成大修
    C. 车辆小修　　　D. 就车修理
    E. 零件修理

解析：根据作业范围和技术状况恢复程度的不同，汽车修理可分为汽车大修、总成大修、汽车小修和零件修理四类。

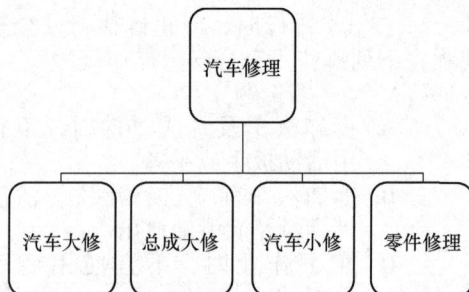

8. 汽车在修理过程中，其零件、部件及总成，除更换报废件、修理可修件外，不与其他车辆互换，基本上仍是原车的零件和总成，这种修理方法称（　　）。

    A. 零件修理法　　　B. 汽车小修法
    C. 总成大修法　　　D. 就车修理法

解析：就车修理法是指汽车修理过程中原车的零件、组合件及总成不能互换，修理后仍装回原车的修理方法，例如更换火花塞。

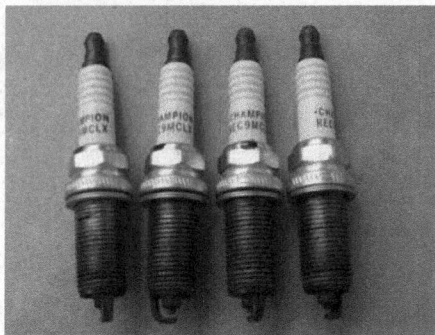

9. 汽车零件修理属于运行性修理，主要消除汽车在运行中发生的临时性故障和损伤。（　　）（判断题）

解析：零件修理是对因磨损、变形、损伤等不能继续使用的零件进行修复，以恢复其性能和寿命。汽车小修主要是消除车辆在运行过程或维修作业过程中发生或发现的故障或隐患。

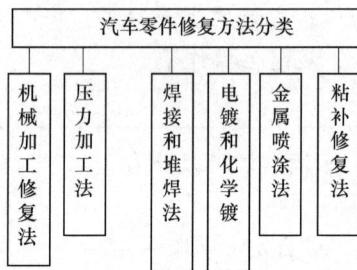

10. 汽车小修的标志是指由设计、试验制定的不同汽车在不同行驶条件下的修理周期。（　　）（判断题）

解析：汽车小修是用修理和更换个别零件的方法，保证或恢复车辆工作能力的运行性修理。

11. 车辆（ ）是指车辆在行驶一定里程，经技术鉴定后，恢复车辆的技术状况的恢复性修理。

    A. 小修　　B. 大修

    C. 中修　　D. 总成修理

解析：汽车修理级别及内容如图。

大修可完全或接近完全恢复车辆技术性能。

汽车修理分级

车辆大修	新车、大修车—到里程、时间后—鉴定—修理或更换任何零部件
总成大修	车辆总成—到里程或时间后—修理、更换总成任何零部件
车辆小修	修理或更换个别零件—保证或恢复车辆工作能力运行性修理
零件修理	对失效零件进行的修理（经济合理原则）

12. 一般汽车大修后出厂前的路试条件是：在硬路面上装载75%的规定载荷，时速不超过（ ）km/h的情况下行驶15km。

    A. 25　　　B. 30

    C. 40　　　D. 50

解析：汽车大修后出厂的路试条件是：行驶时应装载75%的规定载荷，时速在30～40km/h的情况下往返里程不少于30km。

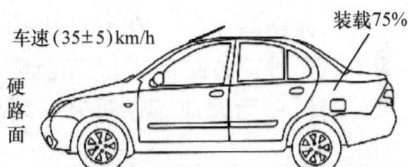

车速(35±5)km/h　装载75%　硬路面

13. 发动机总成大修技术规程中规定，气缸压力应是在发动机正常工作温度70℃以上，转速为（ ）r/min条件下测定的。

    A. 100～150　　B. 150～300

    C. 300～500　　D. 500～700

解析：测量气缸压力时，用起动机带动发动机运转，转速在150r/min内。

14. 根据《汽车大修竣工出厂技术条件》的有关规定，汽车大修竣工后，由于经修理而增加的自重，不得超过原设计自重的（ ）。

    A. 1%　　B. 2%

    C. 3%　　D. 4%

解析：参见《汽车大修竣工出厂技术条件》内容。

根据GB/T 3798《汽车大修竣工出厂技术条件》规定，汽车大修竣工出厂技术条件的主要内容如下：

1 一般技术要求

1.1 装配的零件、部件、总成和附件应符合相应的技术条件。各项装备应齐全，并按原设计的装配技术条件安装。允许在汽车大修中按经规定程序批准的技术文件改变某些零件、部件的设计，但其性能不得低于原设计要求。

1.2 主要结构参数应符合原设计规定。由于经修理而增加的自重，不得超过原设计自重的3%。

15. 根据《汽车大修竣工出厂技术条件》的有关规定，汽车大修竣工后，在试车时，汽车空载行驶初速为30km/h，滑行距离应不少于（　　）。

    A. 100m　　　　B. 150m

    C. 220m　　　　D. 300m

解析： 汽车大修竣工出厂技术条件：汽车空载行驶初速30km/h，滑行距离不少于220m。

根据 GB/T 3798《汽车大修竣工出厂技术条件》规定，汽车大修竣工出厂技术条件的主要内容如下：

2　主要性能要求

2.3　转向机构操纵轻便。行驶中无跑偏、摆头现象。前轮定位、最大转向角及最小转弯半径应符合原设计要求。

2.4　制动性能应符合《中华人民共和国机动车制动检验规范（试行）》的规定。

2.5　汽车空载行驶初速为30km/h，滑行距离应不少于220m。

16. 发动机大修竣工后，在发动机转速为 100～150r/min 时，各缸压力应符合该机型标准要求，各缸压力差应不超过其平均值的（　　）。

    A. 8%　　　　B. 10%

    C. 4%　　　　D. 5%

解析： 发动机大修竣工后，各缸压力值，应不低于标准值的80%，各缸压力差不大于5%。

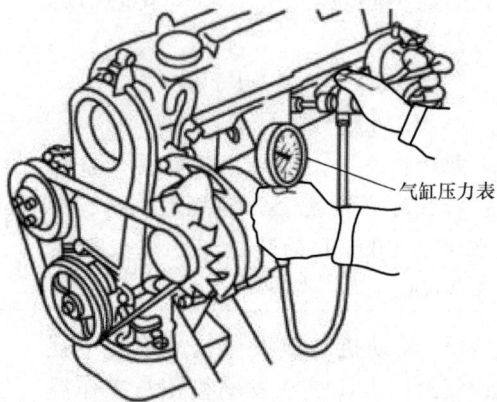

气缸压力表

17. 汽车大修时，钢板弹簧应拆散检查各片钢板弹簧的弹性和拱度，不符合规定时，应进行热处理予以修复。（　　）（判断题）

解析： 钢板弹簧中各片钢板弹簧的弧高与长度均不相同，若与标准值相差太远，则应予校正，并经过热处理后方可使用。

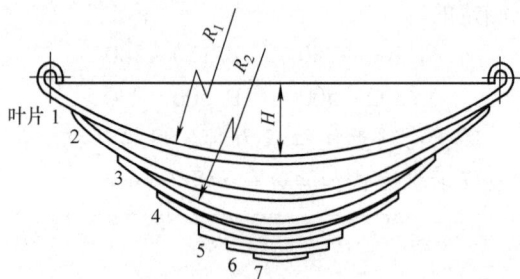

18. 对汽车零件采用直流电磁化探伤后，零件上会多少留有剩磁，最好采用（　　）退磁。

    A. 交流电　　　　　　B. 直流电

    C. 交、直流电混用　　D. 加热

解析： 退磁方法有直流和交流退磁法。对直流磁化的零件，必须应用直流电退磁。

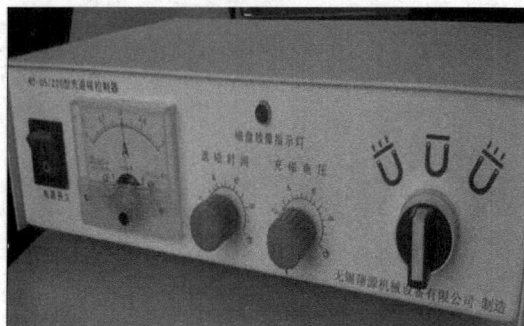

19. 汽车修理时，矫正作业按工件的受热温度不同，可分为机械矫正、火焰矫正和高频热点矫正等。（ ）   （判断题）

解析：按矫正时被矫正工件的温度分类，可分为冷矫正和热矫正两种；按矫正时产生矫正力的方法不同，可分为手工矫正、机械矫正、火焰矫正（即局部加热矫正）和高频热点矫正。

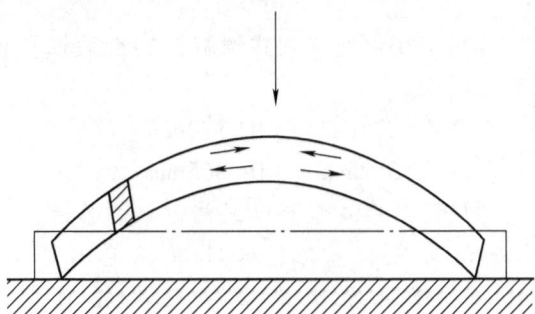

20. 汽车修理时，对于金属零件的不平、不直或翘曲变形常进行矫正作业，下列哪些材料制作的零件不能实现矫正。（ ）
   A. 铸铝合金   B. 黄铜
   C. 碳素钢   D. 合金钢

解析：只有塑性好的材料，才能进行矫正。如铸铁、淬硬钢等就不能矫正，否则工件要断裂。黄铜随着含锌量的增加而脆性增加，材料脆性大不可矫正。

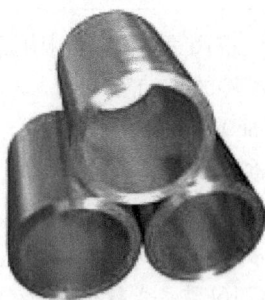

铜套

21. 关于镗缸机，下列说法不正确的是（ ）。
   A. 使用镗缸机镗缸，能保证气缸的圆柱度和符合技术要求的表面粗糙度
   B. 用同心法镗缸时，应用气缸磨损量最大的部位作为镗缸基准
   C. 用不同心法镗缸时，应以气缸最大磨损部位定中心
   D. 气缸未镶套前，不能用不同心法镗缸，否则会造成气缸中心偏移

解析：镗缸是对干式缸套过度磨损比较常见的修理方法。用内径量缸表检测气缸的最大磨损量、圆度误差和圆柱度误差来确定气缸的磨损情况。同心镗缸法定中心是在气缸未磨损部位定中心。偏心镗缸法定中心是在气缸最大磨损部位定中心。

22. T8014 型移动式镗缸机的最大镗孔长度是（　　）。

  A. 375mm B. 370mm

  C. 380mm D. 365mm

解析：T8014 型移动式镗缸机工作时以气缸上平面为定位基准，镗孔直径范围是 65 ~ 140mm，镗孔最大行程（最大镗孔深度）是 370mm。

23. 国产 T716 型立式镗床用于孔径（　　）范围内壳体零件的孔加工。

  A. $\phi60 \sim \phi165$mm

  B. $\phi75 \sim \phi155$mm

  C. $\phi70 \sim \phi160$mm

  D. $\phi76 \sim \phi165$mm

解析：T716 型立式镗缸机工作时以气缸体的底平面为定位基准，镗孔直径为 76 ~ 165mm。

24. 在用光鼓机镗削制动鼓时，为保证工面的表面粗糙度，应（　　）。

  A. 加大进给量 B. 尽可能减小进给量

  C. 加大减小都可以 D. 加大进给量

解析：加工方式、进给量、刀具形状等多种因素影响表面粗糙度。刀具锐利、进刀缓慢可使表面质量优良。

25. 在用光鼓机镗削制动鼓时，应以（　　），来保证两者同心。

  A. 轮未磨损部位来校正中心

  B. 轮轴承中心为旋转中心

  C. 轮外沿来校正中心

  D. 可以用任何部位校正中心

解析：镗削时，应以制动轮毂轴承外圈作为定位基准，用芯轴和不同规格的锥套来实现制动鼓的装夹及镗削。

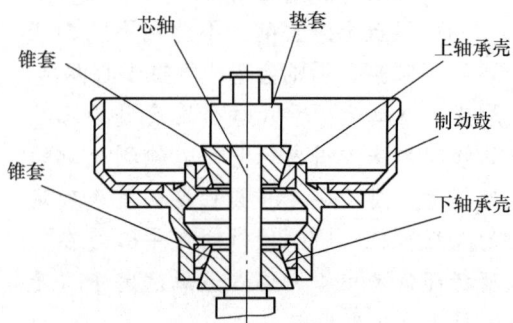

芯轴　垫套　上轴承壳　锥套　制动鼓　锥套　下轴承壳

26. 采用扩孔镶套法修复变速器壳轴承座孔时，镗孔定位基准应（　　）。

    A. 以壳体的前端面和上平面为加工定位基准

    B. 用倒档轴座孔作定位基准修理壳体上平面和前端面，然后以前端面和倒档轴座孔作加工定位基准

    C. 以壳体上平面作加工定位基准

    D. 以输出轴轴承承孔中心线作加工定位基准

解析：扩孔镶套时要先把上平面修磨平整作为基准面，检查修理端面，从而使端面对轴承孔的垂直度公差得到保证。

27. 在使用珩磨机磨气缸时，下列哪种方法不正确？（　　）

    A. 砂条装在珩磨头上后，应保证其圆柱度在 0.20mm 以内

    B. 油面上应使珩磨头的圆周速度和往复运行速度的比率为一定值，以保证珩磨后切削网纹的交角为 60℃ 最佳

    C. 气缸珩磨一般采用碳化硅硬质中软的砂条，粗磨时应选用 320 粒度，细磨时用 180 或 240 粒度

    D. 磨头往复行程应保证砂条伸出气缸上、下口的长度不大于砂条全长的 1/3，不少于砂条全长的 1/5

珩磨头

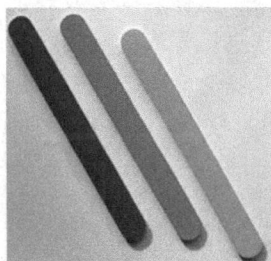

砂条

解析：气缸珩磨头（磨缸头）用砂条为碳化硅、中软砂条。粒度：粗磨一般选用 180、240 砂条，细磨（精磨）选用 320 以上的砂条。

28. 电器万能试验台使用的空气相对湿度不超过（　　）。

    A. 60%　　　B. 40%

    C. 80%　　　D. 100%

解析：电器万能试验台使用环境温度一般不超过 40℃，空气相对湿度不超过 80%。

29. 关于气门研磨，下列哪种方法不正确？（   ）

    A. 研磨气门可以采用手工方法，也可以使用气门研磨机

    B. 手工研磨时，应使气门与气门座轻轻拍击，接触时气门应旋转

    C. 气门研磨后，气门与气门座接触面宽度一般为：进气门为 1.50 ~ 2.50mm，排气门为 1.00 ~ 2.00mm

    D. 研磨出的接触面应无光泽、无中断、无刻痕

解析： 研磨后的接触面应为连续的光环。

30. 参见右图，使用以下哪个工具时必须脱掉手套？（   ）

    A. 梅花扳手　　　B. 扭力扳手

    C. 研磨机　　　　D. 千斤顶

解析： 维修作业在操作研磨机、砂轮机、钻床等时不允许戴手套。

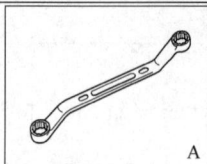

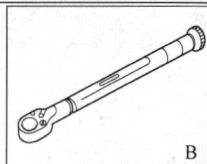

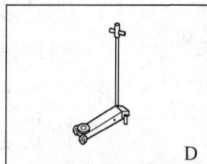

31. 下列关于维护计划的叙述，哪一项正确？（   ）

    A. 仅根据里程表读数

    B. 仅根据规定时间

    C. 根据里程表读数或规定时间，先到者为准

    D. 根据里程表读数或规定时间，后到者为准

解析： 根据使用手册，汽车维护应按行驶里程表或时间间隔，按期执行，以先到者为准。

32. 下列关于工作安全性的叙述，哪一项错误？（   ）

    A. 为保护您本人免受创伤或烧伤，尽可能不要把皮肤暴露在外

    B. 仅在指定区域丢弃汽油和机油

    C. 如果在危险情况下并未受伤，则没有必要汇报

    D. 由于维修场所不合适或工作人员不小心，出现事故

解析： 预防事故，防患未然。出现危险情况，无论有无人员受伤，都应汇报，以便查明原因。

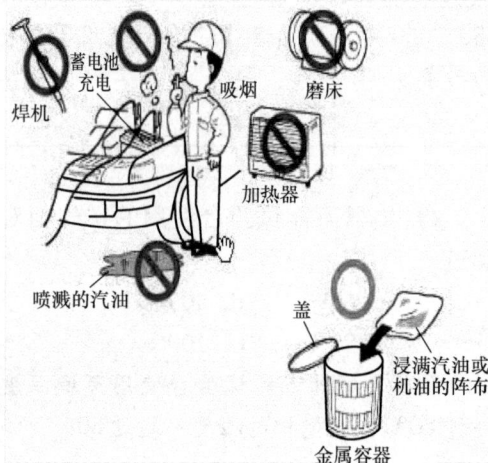

二、汽车维修基础拓展练习

（一）单项选择题

1. T8014 型移动式镗缸机的最大镗孔直径是（   ）。

    A. $\phi68 \sim \phi140$mm   B. $\phi70 \sim \phi142$mm

    C. $\phi66 \sim \phi140$mm   D. $\phi60 \sim \phi155$mm

2. 国产 TS8350 型制动鼓镗床镗削直径范围是（   ）。

    A. $220 \sim 450$mm   B. $200 \sim 400$mm   C. $220 \sim 500$mm   D. $210 \sim 480$mm

3. 国产 TS8350A 型制动鼓镗床刀架垂直行程（动手）为（   ）。

    A. 300mm   B. 320mm   C. 400mm   D. 350mm

4. 用光鼓机完成镗削制动鼓后，应（   ）。

    A. 清洁润滑机床   B. 不必清洁机床   C. 不必润滑机床   D. 随意

5. 国产 T716 型立式镗床最大镗孔长度为（   ）mm。

    A. 135   B. 150   C. 140   D. 130

6. 利用仪具检验桥壳的弯曲变形是以桥壳（   ）装套管承孔作定位基准。

    A. 两端   B. 内侧   C. 中间   D. 轴承座

7. 下图中关于修理车间基本工作流程的叙述，哪一项错误？（   ）

    A. 图［2］显示了维修接待过程，维修顾问直接从顾客那里收到维修车辆的请求。

    B. 图［3］显示了维修接待过程，技术员估计修理费用。

    C. 图［4］显示了维修过程，技术员从事维护和修理工作。

    D. 图［5］显示了最终检查过程，技术员组长进行最终检查。

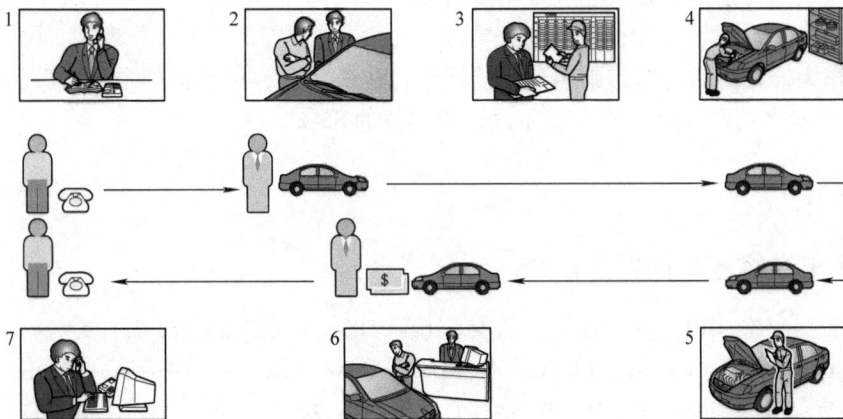

8. 以下是维护计划中列为常见维护（严重）类车辆工作情况的相关叙述，错误的一项是（   ）。

    A. 长期不足 8km 的短途行车，且车外气温低于零度

    B. 在湿滑的路面上行驶

    C. 在高速公路上高速（最高车速的 80%）行驶超过 2h

    D. 车辆用作拖车，或拉着野营挂车或车顶有货物架

9. 汽车大修后在走合期内，必须减载、减速，并在发动机上安装限速器限制最高车速，走合行程不少于（   ）km。

　　A. 1000　　　　　B. 1500　　　　　C. 2000　　　　　D. 2500

　　10. 根据《汽车大修竣工出厂技术条件》的有关规定，汽车大修竣工后，各对称部位离地面高度差：驾驶室、翼板、客车厢不大于（　　　）。

　　A. 10mm　　　　　B. 20mm　　　　　C. 30mm　　　　　D. 40mm

　　11. 国产 TS8350A 型制动鼓镗床刀架垂直机动行程为（　　　）。

　　A. 250mm　　　　　B. 300mm　　　　　C. 350mm　　　　　D. 400mm

（二）判断题（正确的填"√"错误的填"×"）

　　1. 国产 T716 型立式镗床适用于 $\phi76 \sim \phi165$mm 范围内壳体零件的孔加工。　　　　　（　　　）

　　2. 用光鼓机镗削制动鼓工作完毕后，不必清洁机床。　　　　　（　　　）

　　3. 国产 TS8350A 型制动鼓镗削直径范围为 220～500mm。　　　　　（　　　）

　　4. 气缸体平面度误差较大，应采取锉削法修理。　　　　　（　　　）

　　5. 用光鼓机镗削制动鼓工作完毕后，应清洁、润滑机床。　　　　　（　　　）

　　6. 发动机大修竣工后，在发动机转速为 100～150r/min 时，各缸压力应符合该机型标准要求，各缸压力差应超过其平均值的 10%。　　　　　（　　　）

　　7. QD124A 型起动机修理竣工后，全制动试验时，制动电流小于等于 600A，转矩大于等于 20N·m。　　　　　（　　　）

　　8. 磨削修复曲轴时，每一级为 0.35mm。　　　　　（　　　）

　　9. 电器万能试验台使用的空气相对湿度不超过 80%。　　　　　（　　　）

　　10. 浸油锤击法可检查曲轴表面是否有细微裂纹。　　　　　（　　　）

　　11. 发动机磨损圆柱度达到 0.20～0.30mm 要进行大修。　　　　　（　　　）

　　12. 国产 T716 型立式镗床最大镗孔长度是 130mm。　　　　　（　　　）

　　13. 检查气缸盖内部有无裂纹应采用敲击法。　　　　　（　　　）

　　14. 同心镗法能保证发动机曲轴配合精度。　　　　　（　　　）

　　15. 汽车大修竣工后，对带限速装置的汽车，在试车时，以直接档空载行驶，在最高车速下，每百千米燃料消耗量应不高于原设计规定值的 85%。　　　　　（　　　）

参考答案

一、汽车维修基础试题及解析

　　1. A　2. A　3. BCE　4. ×　5. ABC　6. CDE　7. ABCE　8. D　9. ×　10. ×
11. B　12. C　13. A　14. C　15. C　16. D　17. √　18. B　19. ×　20. B　21. B
22. B　23. D　24. B　25. B　26. B　27. C　28. C　29. C　30. C　31. C　32. C

二、汽车维修基础拓展练习

　　（一）单项选择题：1. C　2. C　3. D　4. A　5. B　6. A　7. B　8. B　9. A　10. A
11. C

　　（二）判断题：1. √　2. ×　3. √　4. ×　5. √　6. ×　7. ×　8. ×　9. √
10. √　11. ×　12. ×　13. ×　14. √　15. ×

参 考 文 献

[1] 胡建军. 思维与汽车维修 [M]. 北京：机械工业出版社，2006.

[2] 谢伟钢. 汽车发动机维修技能 [M]. 北京：机械工业出版社，2014.

[3] 潘向民. 汽车维修电工、维修工高级考证技能培训教材 [M]. 广州：广东科技出版社，2006.

[4] 张春华，静永臣. 桑塔纳 2000/3000 轿车快修精修手册 [M]. 北京：机械工业出版社，2012.

[5] 陈一永，李金学. 汽车修理工职业技能鉴定考证问答（高级、技师）[M]. 北京：金盾出版社，2009.

[6] 周晓飞. 汽车维修技能全程图解 [M]. 北京：化学工业出版社，2013.

[7] 上海市职业培训研究发展中心组织. 汽车维修工（高级） [M]. 北京：中国劳动社会保障出版社，2012.

[8] 衡卫军. 汽车维修工（中级）[M]. 北京：机械工业出版社，2012.

[9] 吴东盛，何海明. 中级汽车维修工（国家职业资格四级）考评教程 [M]. 北京：机械工业出版社，2014.

[10] 彭义军. 汽车维修工国家职业技能培训与鉴定教程 [M]. 北京：电子工业出版社，2012.